分布式光伏电源并网运维技术

国网浙江省电力有限公司　组编

中国电力出版社
CHINA ELECTRIC POWER PRESS

内 容 提 要

本书共五章，主要讲解了 10kV 及以下分布式光伏电站的工作原理、并网接入技术、工程施工规范、检测与验收要求，以及运行维护等专业知识。

本书可作为供电企业、能源综合服务企业的一线员工的技术技能培训教材，也可作为分布式光伏电站的生产企业、光伏用户的参考用书，还可以作为电力院校新能源专业的教材和参考用书。

图书在版编目（CIP）数据

分布式光伏电源并网运维技术/国网浙江省电力有限公司组编 . —北京：中国电力出版社，2019.7
ISBN 978-7-5198-3178-3

Ⅰ．①分… Ⅱ．①国… Ⅲ．①太阳能光伏发电 Ⅳ．①TM615

中国版本图书馆 CIP 数据核字（2019）第 099712 号

出版发行：中国电力出版社
地　　址：北京市东城区北京站西街 19 号（邮政编码 100005）
网　　址：http://www.cepp.sgcc.com.cn
责任编辑：刘丽平（010-63412342）
责任校对：黄　蓓　太兴华
装帧设计：郝晓燕
责任印制：石　雷

印　　刷：三河市航远印刷有限公司
版　　次：2019 年 7 月第一版
印　　次：2019 年 7 月北京第一次印刷
开　　本：787 毫米×1092 毫米　16 开本
印　　张：13.75
字　　数：320 千字
印　　数：0001—1500 册
定　　价：56.00 元

版 权 专 有　侵 权 必 究

本书如有印装质量问题，我社营销中心负责退换

编　委　会

主　　编　方向晖

参编人员　陈长根　周佩祥　徐筱卿　陈华杰

　　　　　陈永祥　陈　晨　李劲松　王　磊

　　　　　赵能能　王子毓

前　言

　　太阳能是一种非常理想的新能源，近年来由于人们对能源、环境问题的日益关注，太阳能的应用越来越受到人们的重视，应用领域越来越广泛。将太阳能转换为高品位的电能，再加以多样化应用，这种方式正在成为太阳能资源应用的重要发展方向。

　　分布式光伏电源是具有低污染排放、灵活方便、高可靠性和高效率等特点的能量生产系统。分布式光伏电源与大电网的合理结合将大大改善供电效率、供电质量、供电安全性，减少环境污染，减轻不断增长的能源需求对电网造成的压力，被认为是 21 世纪电力工业的发展方向。

　　近几年，在良好政策引导下，我国的分布式光伏电站呈现井喷式的发展趋势。遍地开花的分布式电站，特别是屋顶式光伏电站的大量接入，不仅给电网运行带来了许多影响，而且对普通光伏用户的安全保障、设备维护也提出了较高要求。

　　目前，光伏用户的运维方式主要以自主运维、第三方运维等方式为主，但整个光伏市场的运维还处在一个粗放式的发展态势，投产后的运维还没有被真正重视起来。其主要原因一是光伏行业有关运维的行业和国家标准缺失；二是光伏行业运维人员的资质和人员配置比较混乱，运维人员的专业背景相对杂乱，没有通过专业的培训，更没有取得专业证书。因此，要保证光伏行业安全生产和经济效益，提升整个光伏行业安全、高效的运行水平，必须培养一支经过专业化、规范化、系统化培训的运维队伍，以提高运维队伍的整体水平。

　　编写此书的目的就是为广大光伏用户、光伏生产企业、光伏运维人员、供电企业一线员工、能源综合服务企业提供一本系统性、专业性的培训教材和参考资料。本书所讲内容主要侧重于 10kV 及以下分布式光伏电源建设、并网与运维技术技能知识。全书共分五章：第一章由方向晖、李劲松编写，主要讲述分布式光伏发电现状与前景、光伏发电原理、光伏发电系统、光伏发电系统的并网影响等内容；第二章由陈长根、周佩祥、陈晨编写，主要讲述并网接入技术要求、主要设备选型、安全与保护、电能质量要求、电能计量及通信要求、通用技术要求等内容；第三章由徐筱卿、陈永祥、王磊、王子毓编写，主要讲述光伏组件施工设计、典型施工组织方案、主要施工规范及要求、并网检查与测试、并网验收等内容；第四章由方向晖、陈华杰、陈长根编写，主要讲述含分布式光伏接入的配电网检修及安全防护、含分布式光伏接入配电网的巡视维护、光伏电站发电量的影响因素及改善方法、分布式光伏电站的常见故障及处理、光伏电站运维检修人员培训等内容；第五章由陈长根、陈晨、赵能能编写，主要讲述分布式光伏 10kV 并网接入、380V 并网接入、220V 并网接入系统工程实例。

由于时间、精力和水平有限，本书中一定还有不妥和疏漏之处，敬请读者多提宝贵意见。

编　者

2019 年 4 月

目 录

前言

第一章　分布式光伏发电概述 ·· 1
　第一节　概述 ··· 1
　第二节　光伏发电原理 ·· 2
　第三节　光伏发电系统 ·· 9
　第四节　光伏发电系统的并网影响 ····································· 23
第二章　分布式光伏并网接入技术 ····································· 30
　第一节　并网接入技术要求 ·· 30
　第二节　主要设备选型 ·· 36
　第三节　安全与保护 ·· 49
　第四节　电能质量要求 ·· 55
　第五节　电能计量及通信要求 ·· 61
　第六节　通用技术要求 ·· 67
第三章　分布式光伏电站施工及并网检测与验收 ······················· 76
　第一节　光伏组件施工设计 ·· 76
　第二节　典型施工组织方案 ·· 84
　第三节　主要施工规范及要求 ·· 99
　第四节　并网检查与测试 ··· 105
　第五节　并网验收 ··· 116
第四章　有源配电网及光伏电站运维与检修 ·························· 127
　第一节　含分布式光伏接入的配电网检修及安全防护 ····················· 127
　第二节　含分布式光伏接入配电网的巡视维护 ·························· 132
　第三节　光伏电站发电量的影响因素及改善方法 ······················· 144
　第四节　分布式光伏电站的常见故障及处理 ···························· 149
　第五节　光伏电站运维检修人员培训 ·································· 162
第五章　分布式光伏并网接入工程实例 ······························ 179
　第一节　分布式光伏 10kV 并网接入工程实例 ························· 179
　第二节　分布式光伏 380V 并网接入工程实例 ························· 183

第三节　分布式光伏 220V 并网接入系统工程实例 ………………………………… 187

附录 A　组件功率平均衰减率参考表 ……………………………………………… 194
附录 B　常见 EL 检测缺陷分类 …………………………………………………… 195
附录 C　特殊气候条件的要求 ……………………………………………………… 197
附录 D　各种电力电缆的允许载流量 ……………………………………………… 198
附录 E　并网光伏系统现场检测表 ………………………………………………… 203

参考文献 ……………………………………………………………………………… 209

第一章 分布式光伏发电概述

本章主要对分布式光伏发电现状与前景、原理、系统，以及光伏发电系统的并网影响进行介绍。

第一节 概　　述

分布式光伏发电是指采用光伏组件，将太阳能直接转换为电能，运行方式以用户侧全额上网、自发自用余电上网或全部自用，且在配电系统平衡调节为特征的由光伏发电设施所组成的系统。

分布式光伏发电遵循因地制宜、清洁高效、分散布局、就近利用的原则，充分利用当地太阳能资源，替代和减少化石能源消费，是一种新型的、具有广阔发展前景的发电和能源综合利用方式。倡导就近发电、就近并网、就近转换、就近使用的原则，不仅能够有效提高同等规模光伏电站的发电量，同时还有效解决了电力在升压及长途运输中的损耗问题。

随着时代的进步，分布式光伏发电系统的应用越来越广泛。在家庭自有住宅屋顶、工业领域厂房、市政等公共建筑物、农业设施、商业建筑、边远农牧区及海岛等均可安装分布式光伏发电系统。

家庭分布式光伏发电系统主要是指在家庭的自有屋顶安装和使用的分布式太阳能发电系统。家庭分布式光伏发电是我国补贴最高的一种分布式光伏发电应用形式，也是中国分布式光伏发电的核心市场。

工厂屋顶分布式光伏一直是光伏企业的宠儿，利用闲置的工厂屋顶建设光伏项目，既可以减少能源消耗，又充分利用了闲置的资源，起到了节能减排的作用，能给工厂带来巨大的经济效益、环境效益，可谓一举多得。

光伏农业是近年来在国内外新兴的一种产业模式，是在农业设施棚顶安装太阳能组件发电、棚下开展农业生产的形式。光伏农业极大地吸收了最新的光伏与农业技术，促进两个产业的健康发展与技术进步，以期达到"1+1＞2"的产业融合效果。光伏农业最大限度地利用土地资源，增加生态效益和社会效益，提高农民收入，有效带动地方经济发展。

光伏充电站依靠太阳能发电，存入充电桩后提供给电动车使用。通过储能设备，充电站可以将间歇性、不稳定的太阳能在用电低谷时储存起来，然后在用电高峰将电输送出去，实现充电站最经济运行。这是光伏充电站与普通充电桩的最大区别。

太阳能公路发电能提供路面照明与交通指示，提供智能交通的路面探测，电烘干路面的积雪，最重要的是能够给电动汽车提供无线充电。

光伏车棚是将光伏发电与车棚相结合的系统，既能为车辆遮风挡雨，又能利用太阳能创造出清洁光伏能源，供电动车充电、灯光照明和并入电网。

各种"光伏+"应用工程应运而生，促进光伏发电与其他产业有机融合，通过光伏发电为土地增值利用开拓新途径。

第二节　光伏发电原理

光伏发电是利用半导体界面的光生伏特效应而将光能直接转变为电能的一种技术。这种技术的关键元件是太阳能电池。太阳能电池经过串联后进行封装保护可形成大面积的太阳能电池组件，再配合上功率控制器等部件就形成了光伏发电装置。

光伏电池是光伏发电的最基本单元，它能将光照能量直接转变为直流电，但是单电池片输出的能量很小，只有将很多光伏电池片组成光伏组件或光伏阵列后，才能成为一个可用的直流电源。

一、光伏效应

（一）PN 结

电导率为 $10 \times e^{-7} \sim 10 \times e^{3}$ 的材料称为半导体。有一些半导体是纯元素，如硅（Si）、锗（Ge），构成了半导体的基础。通常情况下，一个纯硅片中是没有自由电子的，它所有的四个价电子都被锁在与相邻硅原子的共价键中（见图 1-1），由于没有自由电子，外加电压几乎无法导致电子流过硅片。纯净的硅更像是绝缘体，而不是导体，当它被施加外部作用时（如外加电压），没有能力改变其导电状态。

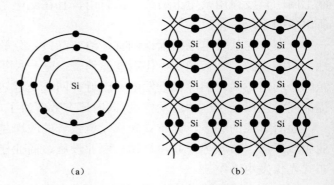

图 1-1　纯净硅的原子结构

（a）硅原子电子分布；（b）硅原子共价键结构

当硅片被掺入硼（B）或磷（P）时，它的导电性会发生显著改变。与硅不同的是，磷有五个价电子。把磷加入硅晶片中后，四个价电子和相邻的硅原子的四个价电子形成共价键，但第五个价电子没有电子结合，将漂浮在原子周围。加入硅晶片中的一个磷原子提供了一个未被束缚的电子，增加了电导率。如果一个电压施加到硅-磷混合物，这个未被束缚的电子将穿过掺杂的硅片向电压的正极移动。因此，向混合物中掺杂的磷越多，产生的电流越大。掺入磷杂质的硅称为 N 型硅，或负电荷载流子型硅。N 型硅的原子结构如图 1-2 所示。

如果往纯硅中加入硼，则是另外一种情况。因为硼只有三个价电子，当它和硅混合在一起时，所有的三个价电子将和相

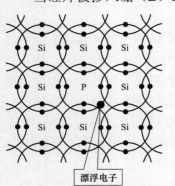

图 1-2　N 型硅的原子结构

邻的硅原子结合。这时，在一个硼原子和硅原子形成的共价键中，就会形成一个"空穴"。这个空穴就像一个正电荷，它增加了电导率。如果施加电压，相邻的一个电子过来填充这个空位，这个"空穴"便会朝向电压负极移动。这些空穴被称为正电荷载流子，尽管它们本质上不含有实际的电荷。然而，由于硅原子接受了"空穴"，原子核中的质子与外部轨道中的电子之间存在着电荷不平衡，因此看起来好像是每个空穴都有一个正电荷。含有一个空穴的特殊硅原子的净电荷呈正极性，其电荷量等于一个质子的电荷量（或一个电子电荷量的负值）。被掺入硼的硅称为 P 型硅或正电荷载流子型硅。P 型硅的原子结构如图 1-3 所示。

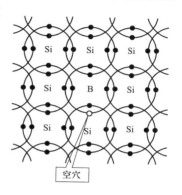

图 1-3　P 型硅的原子结构

　　一侧掺杂成 P 型半导体，另一侧掺杂成 N 型半导体，中间二者相连的接触面称为 PN 结（P-N Junction）。大多数光伏电池属于 P 型半导体和 N 型半导体组合而成的 PN 结型光伏电池，它是一种基于半导体材料光生伏特效应，具有将阳光的能量直接转换成电能输出功能的半导体器件。PN 结的内电场方向和 PN 结示意图如图 1-4 所示。

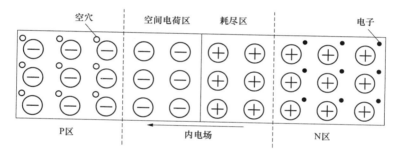

图 1-4　PN 结的内电场方向和 PN 结示意图

（二）光伏效应的机理

　　如果光线照射在太阳能电池上并且光在界面层被吸收，具有足够能量的光子能够在 P 型硅和 N 型硅中将电子从共价键中激发，以致产生电子—空穴对。界面层附近的电子和空穴在复合之前，将通过空间电荷的电场作用被相互分离。电子向带正电的 N 区运动，空穴向带负电的 P 区运动。

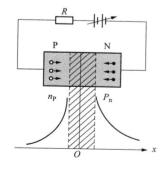

图 1-5　PN 结电压测试示意图

　　界面层的电荷分离，将在 P 区和 N 区之间产生一个向外的可测试的电压，如图 1-5 所示。此时可在硅片的两边加上电极并接入电压表。对晶体硅太阳能电池来说，开路电压的典型数值为 0.5～0.6V。通过光照在界面层产生的电子—空穴对越多，电流越大。界面层吸收的光能越多，界面层即电池面积越大，在太阳能电池中形成的电流也越大。

　　当光线照射在光伏电池上时，光能转换成电能的过程主要包括三个步骤：

　　（1）太阳能电池吸收一定能量的光子后，半导体内产生电子—空穴对，称为光生载流子，两者的电极性相反，电子带负电，空穴带正电。

（2）电极性相反的光生载流子被半导体 PN 结所产生的静电场分离开。

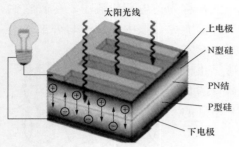

太阳光线
上电极
N型硅
PN结
P型硅
下电极

图1-6 晶硅光伏电池原理示意图

（3）光生载流子和空穴分别被太阳能电池的正、负极收集，并在外电路中产生电流，从而获得电能。

晶硅光伏电池发电原理如图 1-6 所示，当光伏电池上没有太阳光线照射时，其电气特性表现为二极管特性。

二、光伏电池的分类

光伏电池主要以半导体材料为基础制作而成，根据所用材料的不同，光伏电池可分为硅系光伏电池、多元化合物系光伏电池和有机半导体系光伏电池等，具体分类如图 1-7 所示。

（一）硅系光伏电池

硅系光伏电池因其基础材料来源广泛，制造工艺成熟，工业化产品转换效率较高等特点，占据了约 80% 的光伏发电市场份额。因为硅基材料中硅原子排列方式的不同，硅系光伏电池又可分为多晶硅光伏电池、单晶硅光伏电池和非晶硅电池。

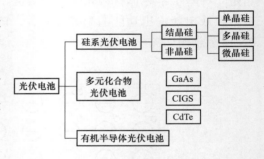

图1-7 太阳能电池的分类

1. 多晶硅光伏电池

制作多晶硅光伏电池的原料是经过熔化后而加工成的正方形硅锭，所以多晶硅光伏电池片的外形也是正方形。切成的硅片由单晶硅颗粒聚集而成，多晶硅锭、切片外观及多晶硅电池外观如图 1-8 所示。

(a)　　　　　　　　　　　(b)

图1-8 多晶硅锭、切片外观及多晶硅电池外观

(a) 多晶硅锭及切片外观；(b) 多晶硅电池外观

多晶硅光伏电池的特点如下：

（1）制造简便，节约电耗，相对成本低。

（2）量产的多晶硅光伏电池的转换效率一般在 14%～18%，峰值功率为 140～180W_p/m^2。

（3）使用寿命略短于单晶硅光伏电池。

2. 单晶硅光伏电池

单晶硅光伏电池是由高纯度单晶硅片制造的，因为单晶硅片是经由圆柱形的单晶硅棒裁切而来，所以该电池片外观呈现为并非完整的正方形，如图1-9所示。

量产的单晶硅光伏电池转换效率一般在16%～19%（实验室产品转换效率在25%左右），峰值功率为160～190W_p/m^2，其工作稳定性好，使用寿命可达20～25年。目前光伏电池市场80%都采用单晶硅光伏电池。

单晶硅光伏电池相对多晶硅光伏电池而言，具有如下特点：

（1）制造工艺复杂，相对成本较高。

（2）转换效率较高。

（3）使用寿命长于多晶硅光伏电池。

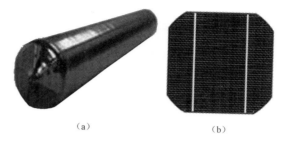

图1-9　单晶硅棒及单晶硅电池外观

（a）单晶硅棒；（b）单晶硅电池外观

3. 非晶硅光伏电池

非晶硅光伏电池的原子排列呈现无规则状态，其外观如图1-10所示。非晶硅光伏电池是目前发展最完整的薄膜式光伏电池，其硅膜厚度为1～2μm，仅为晶硅片厚度的1/100，单片非晶硅薄膜电池的面积可以做得很大（如0.5m×1.0m）。薄膜式光伏电池除了平面结构之外，也因为具有可挠性可以制作成非平面构造，使其应用范围扩大，可方便与建筑物结合或是变成建筑体的一部分。

图1-10　非晶硅光伏电池外观

非晶硅光伏电池的主要特点如下：

（1）制造过程工艺简化，硅料消耗少，电能损耗低。

（2）在弱光条件下也能发电。

（3）转换效率偏低，一般低于10%，目前国际先进水平为13%～14%。

（4）转换效率衰减较快，长期运行稳定性不好。

（二）多元化合物系光伏电池

多元化合物系光伏电池指不是用单一元素材料制成的光伏电池。现在各国研究的多元化合物系光伏电池品种繁多，大多数尚未实现商品化生产，主要有以下几种：硫化镉（CdS）和碲化镉（CdTe）光伏电池、砷化镓（GaAs）光伏电池、铜铟硒（$CuInSe_2$）光伏电池等。

硫化镉、碲化镉薄膜光伏电池的效率较非晶硅薄膜光伏电池效率高，成本也较晶体硅光伏电池低，且易于大规模生产。但是镉有剧毒，会对环境造成严重污染，这大大制约了该系列光伏电池的发展。砷化镓光伏电池、铜铟硒光伏电池均因其材料稀有，尽管具有高于硅系光伏电池的光电转化效率，只得到少量应用。

常用光伏电池优缺点比较如表1-1所示。

表1-1　　　　　　　　　　　常用光伏电池优缺点比较

光伏电池类型		优　　点	缺　　点	备　　注
常规晶硅电池	单晶硅	（1）原材料丰富； （2）性能稳定； （3）转换效率高	（1）制造过程耗电多； （2）所需硅料多	效率16%～19% 厚度0.1～0.3mm

续表

光伏电池类型		优点	缺点	备注
常规晶硅电池	多晶硅	（1）原材料丰富； （2）制造成本低于单晶硅； （3）转换效率较高	（1）所需硅料多； （2）性能稳定性不如单晶硅	效率 14%～18%
薄膜电池	非晶硅	（1）原材料丰富； （2）制造能耗低，成本低； （3）可弱光发电	（1）转换效率偏低； （2）性能衰减快	效率＜10% 厚度 1～2μm
	化合物	（1）转换效率高； （2）材料消耗少； （3）性能稳定	材料稀缺	效率： 碲化镉 9%～11% 铜铟硒 13%～15%

三、光伏电池的电气特性与参数

（一）光伏电池的电气特性

光伏电池的电气特性通常采用 *P-U*（功率-电压）或 *I-U*（电流-电压）特性曲线进行描述。其测试原理如图 1-11 所示，等效电路如图 1-12 所示。

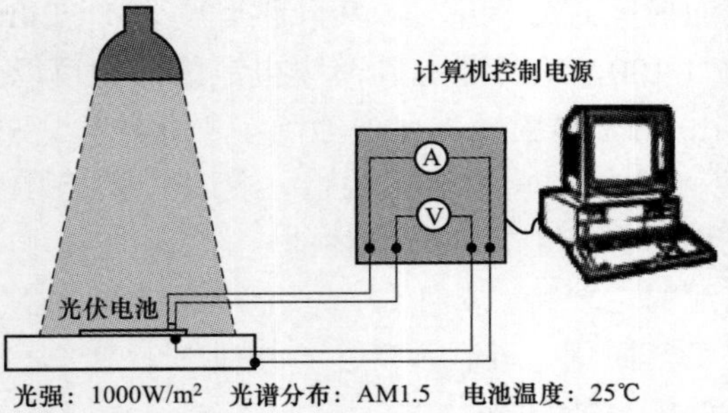

计算机控制电源
A
V
光伏电池
光强：1000W/m² 光谱分布：AM1.5 电池温度：25℃

图 1-11　光伏电池电气测试原理

R_s
I
I_d
I_{sh}
R_{sh}
R_L

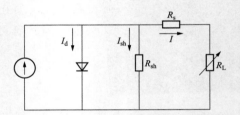

图 1-12　光伏电池电气测试等效电路

根据图 1-12 可得

$$I = I_{ph} - I_d - I_{sh} = I_{ph} - I_0(e^{q(U+IR_s)/nkT} - 1) - \frac{IR_s + U}{R_{sh}} \tag{1-1}$$

$$\begin{aligned} P = IU &= \left[I_{ph} - I_0(e^{q(U+IR_s)/nkT} - 1) - \frac{IR_s + U}{R_{sh}} \right] U \\ &= \left[I_{ph} - I_0(e^{q(U+IR_s)/nkT} - 1) - \frac{IR_s + U}{R_{sh}} \right]^2 R_L \end{aligned} \tag{1-2}$$

短路时，有：

$$I_{sc} = I_{ph} - I_0(e^{qIR_s/nkT} - 1) - \frac{IR_s}{R_{sh}} \tag{1-3}$$

通常 R_s 很小，所以 $I_{sc} = I_{ph}$，主要影响因素是电池面积、光照强度和温度。

开路时，有：

$$U_{oc} = \frac{nkT}{q} \ln\left(\frac{I_{ph}}{I_0} + 1 \right) \tag{1-4}$$

式（1-1）～式（1-4）中：I_{ph} 为光伏电流；I_d 为二极管正向电流；R_s 为串联电阻；R_{sh} 为并联电阻；I_{sh} 为分流电流；R_L 为负载；I_{sc} 为短路电流；U_{sc} 为开路电压；T 为组件温度；K 为

玻尔兹曼常数；n 为质量因子。

影响开路电压大小的主要因素是光照强度、温度和材料特性。

通过测试，可以得到在光谱辐照度为 $1kW/m^2$、电池片温度 25℃ 条件下，面积为 $100cm^2$ 的单晶硅电池的 P-U 与 I-U 特性曲线，如图 1-13 所示。

图 1-13 中，U_{oc} 为光伏电池输出端开路电压，在 $100mW/cm^2$ 的光源照射下，一般单晶硅的开路电压为 $450\sim600mV$，最高可达 690mV；I_{sc} 外部短路时电池输出的最大电流，一般 $1cm^2$ 电池片的

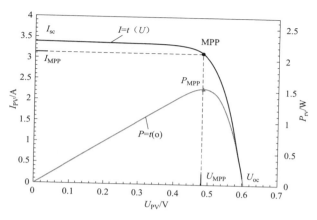

图 1-13　光伏电池的 P-U 与 I-U 特性曲线

$I_{sc}=16\sim30mA$；P_{pv} 为光伏电池输出功率；I_{MPP} 为最大功率点电流，即给定光照及温度条件下光伏电池输出最大功率时刻的光伏电池工作电流；U_{MPP} 为最大功率点电压，即给定光照及温度条件下光伏电池输出最大功率时刻的光伏电池工作电压；P_{MPP} 为给定光照及温度条件下，光伏电池能够输出的最大功率。

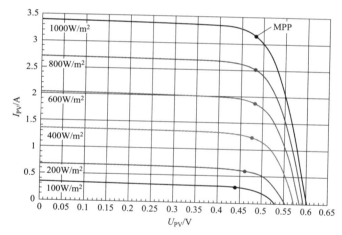

图 1-14　光伏电池在不同光照条件下的 I-U 特性曲线

图 1-13 显示光伏电池的输出功率随着输出电压的增加而先增后减，输出电流随着输出电压的增加先基本保持不变再迅速减小，P-U、I-U 特性曲线均具有明显的非线性特征。

图 1-14 所示为光伏电池在不同光照条件下的 I-U 特性曲线。当温度一定时，随着光照强度由弱到强变化，短路电流增幅较大，即在温度一定的情况下，光照强度主要影响短路电流的大小，而开路电压只是略有增加，光伏电池的峰值功率显著增加。

图 1-15 所示为光伏电池在不同温度条件下的 I-U 特性曲线。光照强度一定时，随着温度下降，光伏电池的短路电流略有下降，开路电压显著增加，所以其峰值功率也明显增加，意味着在相同光照条件下，温度较低时光伏电池输出功率较大。

（二）光伏电池的主要电气特性参数

根据图 1-13 所示的光伏电池的 I-U 与 P-U 特性曲线，光伏电池的电气特性参数与太阳辐照度、太阳光谱分布和电池片的工作温度有关，因此光伏电池的特性参数是在标准测试状态下测量得到的。光伏电池的标准测试状态是：电池片表面温度为 25℃，太阳能辐射强度为 $1kW/m^2$，大气质量指数 AM=1.5。在此标准测试条件下测得的下列电气参数作为光伏电池的主要电气特性参数：

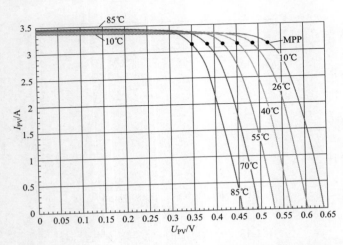

图 1-15　光伏电池在不同温度条件下的 I-U 特性曲线

（1）峰值电流（I_m）：峰值电流也称最大工作电流或最佳工作电流。峰值电流是指光伏电池输出最大功率时的工作电流，单位为 A。

（2）峰值电压（U_m）：峰值电压也称最大工作电压或最佳工作电压。峰值电压是指光伏电池输出最大功率时的工作电压，单位为 V。峰值电压不随电池片面积的增减而变化，一般为 0.45～0.5V。

（3）峰值功率（P_m）：峰值功率也称最大输出功率或最佳输出功率。峰值功率是指光伏电池正常工作或测试条件下的最大输出功率，也就是峰值电流与峰值电压的乘积，即

$$P_m = I_m \times U_m \tag{1-5}$$

峰值功率的单位为 W_p（读作：峰瓦）。

（4）填充因子（FF）：填充因子也称曲线因子，是指光伏电池的最大输出功率与开路电压和短路电流乘积的比值，即

$$FF = P_m / (I_{sc} \times U_{oc}) \tag{1-6}$$

填充因子是评价太阳电池输出特性好坏的一个重要参数，它的值越高，表明光伏电池输出特性越趋于矩形，电池的光电转换效率越高。串、并联电阻对填充因子有较大影响，光伏电池的串联电阻越小，并联电阻越大，填充因子的系数越大。填充因子的系数一般为 0.5～0.8，也可以用百分数表示。影响填充因子的主要因素是串联电阻 R_s 和并联电阻 R_{sh} 的大小。

（5）转换效率（η）：转换效率是指光伏电池受光照时的最大输出功率与照射到电池上的太阳能量功率的比值，即

$$\eta = P_m / (A \times P_{in}) \tag{1-7}$$

式中：A 为电池片的面积；P_{in} 为单位面积的入射光功率，其值为 1kW/m^2 或 100mW/cm^2。

某厂生产的 125mm×125mm 单晶硅电池片的电气特性参数如表 1-2 所示。

表 1-2　　125mm×125mm 单晶硅电池片的电气特性参数（##为生产厂家代号）

型号	转换效率 η/%	峰值功率 P_m/W_p	峰值电压 U_m/V	峰值电流 I_m/A	开路电压 U_{oc}/V	短路电流 I_{sc}/A
##125-120	12.00	1.734	0.452	3.839	0.596	4.742
⋮	⋮	⋮	⋮	⋮	⋮	⋮
##125-150	15.00	2.231	0.488	4.581	0.607	5.072
##125-152	15.25	2.264	0.492	4.622	0.608	5.121
##125-155	15.50	2.305	0.496	4.648	0.610	5.141
⋮	⋮	⋮	⋮	⋮	⋮	⋮
##125-182	18.25	2.80	0.526	5.325	0.630	5.604

第三节　光伏发电系统

一、光伏发电系统的分类

（一）按运行模式分类

按照光伏发电系统的运行模式，大体分为独立光伏发电系统和并网光伏发电系统两大类，如图 1-16 所示。

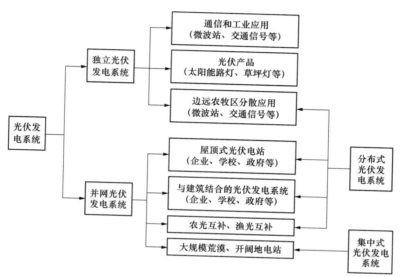

图 1-16　光伏发电系统分类

1. 独立光伏发电系统

独立光伏发电系统也称离网光伏发电系统，是没有与公共电网连接的光伏发电系统，主要由光伏组件、控制器、蓄电池组组成。若为交流负载供电，还需要交流逆变器。独立光伏发电系统包括边远地区的村庄供电系统、太阳能用户电源系统、通信信号电源、太阳能路灯等各种带有蓄电池的可以独立运行的光伏发电系统，如图 1-17 所示。

2. 并网光伏发电系统

并网光伏发电系统是指发出的直流电能转换成交流电后直接接入交流公共电网的光伏发电系统，可分为带蓄电池和不带蓄电池两种。带蓄电池并网光伏发电系统具有可调度性，可以根据需要并入或退出电网；同时兼有备用电源功能，当电网停电时可应急供电。不带蓄电池并网光伏发电系统不具备可调度性和备用电源功能。并网光伏发电系统如图 1-18 所示。

（二）按容量和接入方式分类

并网光伏发电系统根据容量和接入方式不同，可分为大型集中式并网光伏发电系统和小型分布式光伏发电系统两种。

1. 大型集中式并网光伏发电系统

大型集中式并网光伏发电系统的主要特点是：①将所发电能逆变升压后直接输入公共

电网，由电网统一调配向用户供电，与大电网之间的电力交换是单向的；②选址灵活，光伏出力稳定，削峰作用明显；③运行方式灵活，相对于分布式光伏可以更方便地进行无功和电压控制，易实现电网频率调节；④建设周期短，环境适应能力强，不需要水源、燃煤运输等原料保障，运行成本低，便于集中管理，受到空间的限制小，可以很容易地实现扩容；⑤需要依赖长距离输配电线路送入电网，易出现电能损耗、电压跌落、无功补偿等问题；⑥大容量的集中式光伏接入设置有低电压穿越等新功能。

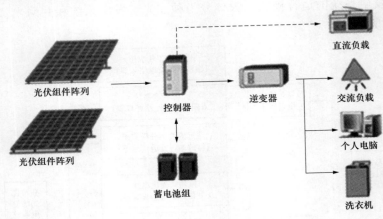

图 1-17　独立光伏发电系统

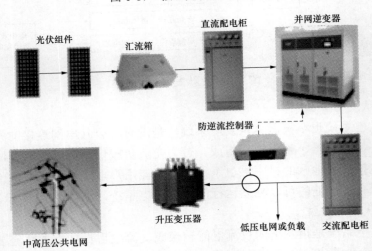

图 1-18　并网光伏发电系统

2. 小型分布式并网光伏发电系统

小型分布式并网光伏发电系统是将太阳能直接转换为电能的分布式发电系统，遵循就近发电、就近转换、就近用电的原则。其主要优点是：①不受地域限制，在偏远山区、岛屿等地可以局部缓解用电紧缺；②分布式光伏发电接入配电网，要求尽可能就地消纳所发电能，能减少电能在传输过程中的损耗；③投资小，建设快，政策支持力度大。其主要缺点是：①分布式光伏接入将向电网输送电能，引起电网潮流变化；②分布式光伏接入影响保护的灵敏性和可靠性；③分布式光伏接入给传统配电网运行维护、检修带来困难。

（三）按电量消纳方式分类

按光伏发电系统所发电量的消纳方式，光伏发电系统可分为全额上网、自发自用余电上网和全部自用三种。

1. 全额上网

全额上网是指光伏用户发电系统所发电力全部送入公用电网。全额上网的屋顶分布光伏用户接线方式如图 1-19 所示。

2. 自发自用余电上网

自发自用余电上网是指光伏发电系统所发电力主要由用户内部自己使用，多余电量送入公共电网。自发自用余电上网的屋顶分布光伏用户接线方式如图 1-20 所示。

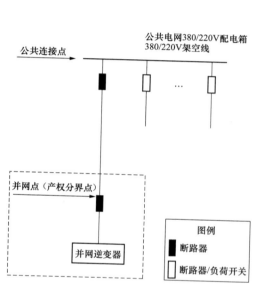

图 1-19　全额上网的屋顶
分布光伏用户接线方式

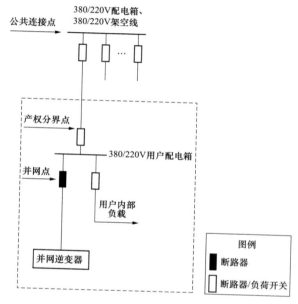

图 1-20　自发自用余电上网的屋顶
分布光伏用户接线方式

3. 全部自用

全部自用是指光伏用户发电系统所发电力全部由用户内部使用，不送入公共电网。

二、光伏发电系统的主要设备

（一）光伏组件和光伏阵列

单个太阳能光伏电池由于输出电压低、功率小，一般不能作为独立电源使用。只有将多个电池经串并联成较大功率单元后，才能用于光伏发电系统中。图 1-21 说明了光伏电池、光伏组件和光伏阵列的关系。

1. 光伏组件的结构

一般情况下，单晶硅光伏电池开路电压为 0.5～0.6V，输出电流小于 5A，输出功率为 3～4W，远不能满足光伏发电实际应用的需要。因此，需要将光伏电池单元先串联以获得高电压，再并联以获得大电流。另外，由于晶体硅光伏电池本身比较脆，不能独立抵御外界的恶劣条件，因此需要外部封装，引出对外电极，成为可以独立提供直流电输出的光伏电池组合装置，即光伏电池组件，也称光伏电池板或光伏板。目前，光伏组件单元串联电池片的常见数量为 36 片、54 片、60 片和 72 片等。

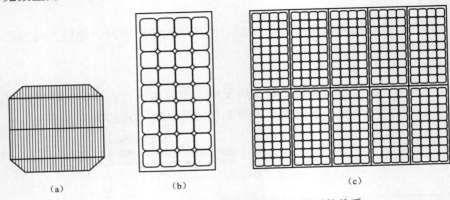

（a）　　　　　　（b）　　　　　　　　　（c）

图 1-21　光伏电池、光伏组件和光伏阵列的关系

（a）光伏电池；（b）光伏组件；（c）光伏阵列

光伏组件是光伏发电系统中的最小实用单元，也是光伏发电系统的核心部分。光伏电池组件的种类较多，根据光伏电池的类型不同可分为晶体硅（单晶硅、多晶硅）光伏电池组件、非晶硅薄膜光伏电池组件及砷化镓光伏电池组件等；按照封装材料和工艺的不同可分为环氧树脂封装电池板和层压封装电池组件；按照用途的不同可分为普通型太阳能电池组件和建材型太阳能电池组件。其中，建材型太阳能电池组件又分为单面玻璃透光型电池组件、双面夹胶玻璃电池组件和双面中空玻璃电池组件。

钢化玻璃层压组件也称平板式电池组件，是目前见得最多、应用最普遍的太阳能电池组件。钢化玻璃层压组件主要由面板玻璃、硅电池片、两层 EVA 胶膜、TPT 背板膜、铝合金边框和接线盒等组成，其结构如图 1-22 所示。

图 1-22　钢化玻璃层压组件结构

（1）面板玻璃：采用低铁钢化绒面玻璃，覆盖在太阳能电池组件的正面，是组件的最外层。它既要透光率高，又要坚固耐用，起到长期保护电池片的作用。

（2）EVA 胶膜：一种热固性的膜状热熔胶。两层 EVA 胶膜夹在面板玻璃、电池片和 TPT 背板膜之间，通过熔融和凝固的工艺过程，将玻璃与电池片及 TPT 背板膜凝接成一体。EVA 胶膜在电池组件中不仅起到黏结密封作用，而且对光伏电池的质量与寿命起着至关重要的作用。

（3）TPT 背板膜：一种复合材料膜。TPT 背板膜具有良好的耐气候性能，并能与 EVA 胶膜牢固结合。

（4）铝合金边框：镶嵌在电池组件四周的铝合金边框，既对组件起保护作用，又方便组件的安装固定及电池组件阵列间的组合连接。

（5）接线盒：接线盒用黏结硅胶固定在背板上，作为电池组件引出线与外引线之间的连接部件。接线盒内一般还安装有 1 只或 2 只旁路二极管。

2. 光伏组件的性能参数

（1）光伏组件的电气性能。

光伏组件的电气性能可通过观察光伏组件 $I\text{-}U$ 特性曲线来得到。对于由多个电池片串联而成的光伏组件，串联电池的工作电流受限于其中电流最小的电池单元，串联电池的工作电压为各电池的电压之和。因此，在电池组件的生产过程中应对电池进行测试、筛选、组合，尽量把特性相近的电池组合在一起。

光伏组件的电气性能参数与电池片一样，主要有短路电流、开路电压、峰值电流、峰值电压、峰值功率、填充因子和转换效率等。电池片组装成电池组件以后，由于受到电池一致性、电池片间隙、串联压降损失、封装材料透光性等多方面因素的影响，组件转换效率比电池片效率降低 2%～4%。

（2）光伏组件的机械性能。

光伏组件的机械性能核心参数包括：玻璃 EVA 胶膜剥离强度，应不小于 20N/cm；电池电极及背场的剥离强度，应不小于 3N/cm；TPT 背板膜电池的剥离强度，应不小于 20N/cm；TPT 背板膜层间剥离强度，应不小于 20N/cm；铝合金边框强度，应不小于 6063T5 状态的抗拉强度要求；整体承压，应不小于 5400Pa。

3. 光伏阵列

光伏阵列是为满足高电压、大功率的发电要求，由若干个电池组件通过串、并联连接，并通过一定的机械方式固定组合在一起而构成的直流发电单元。除电池组件的串、并联组合外，光伏阵列还需要防反充（防逆流）二极管、旁路二极管、电缆等对电池组件进行电气连接，并需要配备专用的、带避雷器的直流接线箱（汇流箱）及直流防雷配电箱等。通常光伏阵列固定在具有足够强度和刚度的支架上，有时支架还附有太阳跟踪器、温度控制器等部件。

多个光伏组件须通过串联、并联或串/并联混合等方式连接成为满足电流、电压、功率要求的光伏阵列，如图 1-23 所示。

在光伏阵列中，二极管是很重要的器件，根据其在太阳能光伏发电系统中所起到的作用，可以分为两类。

（1）旁路二极管。当有较多的电池组件串联组成光伏阵列或光伏阵列的一个支路时，需要在每块电池板的正负极输出端反向并联 1 个（或 2～3 个）二极管，这个并联在组件两端的二极管就称为旁路二极管。

旁路二极管的作用是当阵列串中的某个组件或组件中的某一部分被阴影遮挡或出现故障停止发电时，在该组件旁路二极管两端会形成正向偏压使二极管导通，组件串工作电流绕过故障组件，经二极管旁路流过，不影响其他正常组件的发电，同时也保护被旁路组件避免受到较高的正向偏压或由于"热斑效应"发热而损坏。

（2）防反充（防逆流）二极管。

光伏阵列中，各并联支路的输出电压不可能绝对相等，各支路电压总有高低之差，或者某一支路因为故障、阴影遮蔽等使该支路的输出电压降低，高电压支路的电流就会流向低电压支路，甚至会使阵列的总体输出电压降低。防反充（防逆流）二极管接在光伏阵列中，用于防止阵列各支路之间的电流倒送。

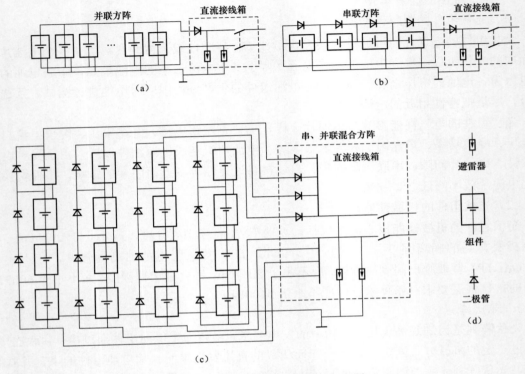

图 1-23　光伏阵列基本电路示意图

（a）并联方阵；（b）串联方阵；（c）串、并联方阵；（d）图例

（二）光伏逆变器

将直流电能转换成为交流电能的过程称为逆变，完成逆变功能的电路称为逆变电路，实现逆变过程的装置称为逆变器。逆变器使转换后的交流电的电压、频率与电力系统交流电的电压、频率相一致，以满足为各种交流用电装置、设备供电及并网发电的需要。

1. 逆变器的原理与构成

逆变器的基本电路如图 1-24 所示，由输入电路、输出电路、主逆变开关电路（简称主逆变电路）、控制电路、辅助电路和保护电路等构成。电路各部分的作用如下。

（1）输入电路。输入电路的主要作用就是为主逆变电路提供可确保其正常工作的直流工作电压。

（2）主逆变电路。主逆变电路是逆变器的核心，它的主要作用是通过半导体开关器件的导通和关断完成逆变的功能。在

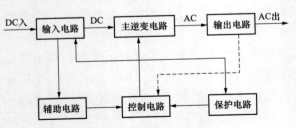

图 1-24　逆变器的基本电路

逆变电路中，半导体功率器件起着关键的作用。目前的逆变器多数采用功率场效应晶体管

（VMOSFET）、绝缘栅双极晶体管（IGBT）、门极关断晶闸管（GTO）、MOS 控制晶体管（MGT）、MOS 控制晶闸管（MCT）、静电感应晶体管（SIT）、静电感应晶闸管（SITH）及智能型功率模块（IPM）等多种先进且易于控制的大功率器件。

（3）输出电路。输出电路主要是对主逆变电路输出的交流电的波形、频率、电压、电流的幅值和相位等进行修正、补偿、调理，使之能满足使用需求。

（4）控制电路。控制电路的功能可归结为三个方面：

1）为主逆变电路提供一系列的控制脉冲来控制半导体开关器件的导通与关断，配合主逆变电路完成逆变功能。

2）跟踪电池板发电功率，实现最大功率点跟踪（Maximum Power Point Tracking，MPPT）控制，以充分发挥电池板的发电潜力。

3）跟踪电网，保证输出电流、频率保持和电网同步。

随着电子技术的快速发展，控制逆变驱动电路也从模拟集成电路发展到单片机控制，甚至采用数字信号处理器（Digital Signal Processing，DSP）控制，并使逆变器向着高频化、节能化、全控化、集成化和多功能化方向发展。

（5）保护电路与辅助电路。保护电路主要包括输入过电压、欠电压保护，输出过电压、欠电压保护，过载保护，过电流和短路保护，过热保护等。辅助电路主要是将输入电压变换成适合控制电路工作的直流电压。辅助电路还包含多种检测电路。

2. 单相逆变器的主电路

逆变器的工作原理是通过功率半导体开关器件的导通和关断作用，把直流电能变换成交流电能。

图 1-25 所示为采用双级（DC-DC-AC）变换的全桥式单相逆变器的主电路，它主要由升压电路、全桥逆变电路、LC 滤波电路组成，其中逆变电路采用了 4 只 IGBT 功率开关管。在该电路中，功率开关管 T1、T4 和 T2、T3 反相，T1、T4 和 T2、T3 轮流导通，使负载两端得到交流电能。

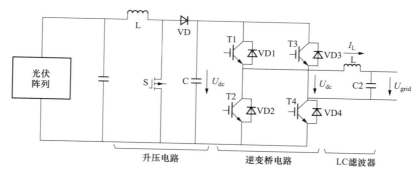

图 1-25　全桥式单相逆变器的主电路

为便于读者理解，用图 1-26 所示的等效电路对全桥式单相逆变器的电路原理进行介绍。

图 1-26 中，E 为输入的直流电压，R 为逆变器的纯电阻性负载，开关 S1～S4 等效于图 1-25 中的 T1～T4。当开关 S1、S4 接通时，电流流过 S1、R、S4，负载 R 上的电压极性是上

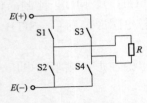

图 1-26 全桥式单相逆
变电路的等效电路

正下负；当开关 S1、S4 断开，S2、S3 接通时，电流流过 S2、R 和 S3，负载 R 上的电压极性相反。若两组开关 S1、S4 和 S2、S3 以某一频率交替切换工作时，负载 R 上便可得到这一频率的交变电压。

图 1-25 中功率开关 T1、T2、T3、T4 的通断状态由驱动端输入决定，控制电路的驱动信号一般采用正弦脉冲宽度调制（Sinusoidal Pulse Width Modulation，SPWM）信号，当 T1 和 T4、T2 和 T3 按照图 1-24 中实线所示的脉宽调制方波信号动作时，图 1-25 中逆变电路的输出 I_L 即为正弦交流电流。

3. 三相逆变器的主电路

单相逆变器电路由于受到功率开关器件的容量、中性线电流、电网负载平衡要求和用电负载性质等的限制，容量一般都在 10kVA 以下，大容量的逆变电路大多采用三相形式。

某型号三相电压型逆变器的主电路如图 1-27 所示。其逆变电路由 6 只功率开关器件构成，其等效电路如图 1-28 所示。

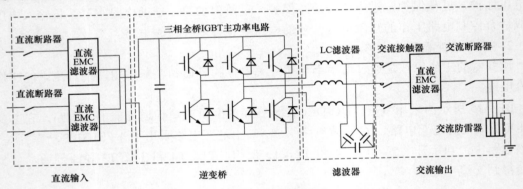

图 1-27　三相电压型逆变器主电路

功率开关器件 S1～S6 在控制电路输出 SPWM 的控制下导通或关断，其控制策略与单相逆变器的控制相似（见图 1-27），只是三相控制信号互差 120°。

4. 并网型逆变器的电路原理

并网型逆变器是并网光伏发电系统的核心部件。与离网型光伏逆变器相比，并网型逆变器不仅要将太阳能光伏发出的直流电转换为交流电，还要对交流电的电压、电流、频率、相位与同步等进行控制，也要解决对电网的电磁干扰、自我保护、单独运行和孤岛效应及最大功率跟踪等技术问题。

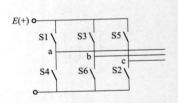

图 1-28　三相电压型逆变器的等效电路

某型号三相并网型逆变器的电路原理如图 1-29 所示，分为主电路和微处理器电路两个部分。微处理器电路控制并驱动主电路中功率开关动作以进行 DC-AC 逆变过程，并完成系统并网的控制。系统并网控制的目的是使逆变器输出的交流电压值、波形、相位等维持在规定的范围内，因此微处理器控制电路要完成电网、相位实时检测，电流相位反馈控制，光伏方阵最大功率跟踪及实时正弦波脉宽调制信号发生等内容。

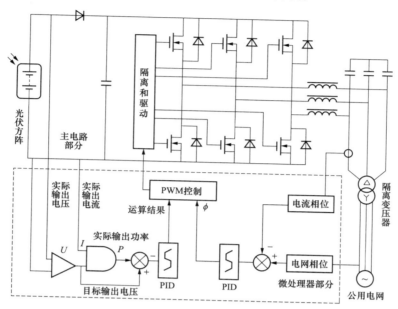

图 1-29　某型号三相并网型逆变器的电路原理

图 1-29 中虚线框内是逆变器控制策略的简要示意图，其说明了并网电流控制和光伏方阵最大功率输出控制的实现过程。

（1）并网电流相位控制。公用电网的电压和相位经过霍尔电压传感器送给微处理器的 A/D 转换器，微处理器将回馈电流的相位与公用电网的电压相位进行比较，其误差信号通过 PID 运算器运算调节后送给脉冲宽度调制器（PWM），这就完成了功率因数为 1 的电能回馈过程。

（2）光伏方阵的最大功率输出控制（并网电流幅值控制）。光伏组件是一种非线性较强的直流电源，其输出最大功率点随着光照、温度的变化而变化，但任意一条特征曲线都存在唯一最大功率点，并对应唯一的光伏组件输出电压。光伏方阵的最大功率输出控制常被称为最大功率点跟踪（Maximum Power Point Tracking，MPPT）。MPPT 是当前较广泛采用的光伏阵列功率点控制策略。它通过实时改变系统的工作状态，跟踪阵列的最大工作点，从而实现系统的最大功率输出。

MPPT 控制的目的是实现光伏电池的最大功率输出。该过程实质是一个动态寻优过程，通过对当前光伏电池输出电压 U 与电流 I 的检测，得到当前光伏电池的输出功率，然后与前一时刻光伏电池的输出功率相比，取两者中较大的值；在下一周期，再检测 U、I 进行比较，取较大的值，如此循环，便可实现 MPPT 控制，如图 1-30 所示。

MPPT 控制算法有多种实现方式，常用的有恒定电压跟踪（Constant Voltage Tracking，CVT）法、扰动观察（Perturb and Observe，PO）法、增量电导（Incremental Conductance，IC）法及模糊控制法等。

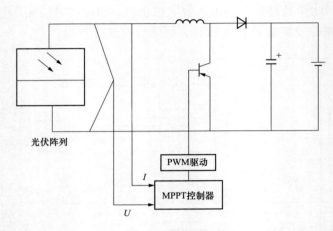

图 1-30　MPPT 控制原理

1）恒定电压法。如果忽略温度影响，当光照强度增大时，光伏组件的短路电流 I_{sc} 增大，开路电压 U_{oc} 略有增加。如果保持光伏组件的输出端电压为常数且等于某一光照强度下相应于最大功率点的电压，就可以大致保证在当前环境下组件输出最大功率，这就是恒定电压跟踪法的理论依据。

采用恒定电压跟踪法作为 MPPT 控制方法，其实现简单、方便，可靠性高，系统不会出现振荡。但是，恒定电压跟踪法忽略了温度对阵列开路电压的影响，实际上光伏组件的开路电压都在较大程度上受温度影响。尤其是内陆地区冬夏，甚至早午晚温差较大，理论和实地运行数据均表明，当温度从−20℃变化到+40℃时，其最大功率点电压（U_m）的偏移能达到 U_{oc} 值的 30%以上。如果采用恒定电压跟踪法，将电压给定值控制在夏季的最大功率点处，那么冬季时，光伏组件输出功率的损失将会超过 20%。折中解决方法是只能在冬、夏两季调整恒定电压跟踪法电压给定值。

2）扰动观察法。扰动观察法属目前 MPPT 控制常用方法之一，原理是给定光伏组件输出电压一个扰动（$U+\Delta U$），再比较扰动前后的功率值，若输出功率增加，则表明电压扰动方向正确，继续按照（$U+\Delta U$）方向扰动；若输出功率减小，则往（$U-\Delta U$）方向扰动。

该方法的优点是其控制思想简单，缺点是选取的跟踪步长 ΔU 对跟踪精度和速度影响较大，跟踪的最终结果只能在组件输出的最大功率点附近振荡，会导致部分功率损失。

3）增量电导法。增量电导法的基本原理是通过比较光伏阵列输出增量电导率和瞬时电导，实现光伏组件的最大功率点跟踪。其与扰动观察法最大区别是避免了盲目性。扰动观察法是通过调整工作点电压，使之逐渐接近最大功率点电压来实现光伏电池最大功率点的跟踪，但最大功率点的方向并不确定；而增量电导法能判断出工作点电压与最大功率点之间的关系，通过每次的测量和比较，估算出最大功率点的大致位置，再根据计算结果进行调整，避免了电压调整时的盲目性，同时也保证了在日照强度变化时，光伏电池的输出端电压平衡变化，其电压的波动较扰动观察法小。

目前常用的 MPPT 控制算法中，恒定电压跟踪法实现简单，但是实际使用较少；扰动观察法和增量电导法的跟踪精度高，应用较多。前者有可能在最大功率点附近振荡，光照强度突然变化时可能会发生误判；后者跟踪速度和稳定性相对较好。

4）模糊控制法。模糊控制以模糊集合理论、模糊语言法及模糊逻辑推理为基础，是一种非线性智能控制方法。模糊控制的基本原理如图1-31所示，将光伏输入量进行模糊化处理，通过模糊推理及反模糊处理进行最大功率跟踪控制，并将输出变量进行反馈迭代达到控制效果。此外，在模糊化和反模糊处理中，可通过知识库进行修正，提高最大功率追踪的精度。

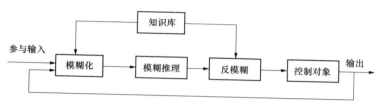

图1-31　模糊控制的基本原理

在设计模糊控制器时，需注意以下几点：①确定模糊控制器的输入量和输出量；②写出模糊控制器的规则；③选择论域并确定相关参数。

5. 并网逆变器的孤岛检测与防孤岛技术

孤岛是孤岛现象、孤岛效应的简称，是指电网失电压时，（分布式）电源仍保持对失电压电网中的某一部分线路继续供电的状态。

在有分布式光伏并网接入的电网中，当电网因人为或故障停止供电后，光伏电源若未能检测出该状况而继续给线路上的负荷供电，这时就形成了一个自给供电的孤岛。电力公司无法掌控的供电孤岛，将会危及供电线路维护人员和用户的安全，或者给配电系统及一些负载设备造成损害。从用电安全与电能质量考虑，孤岛效应是不允许出现的。

在逆变器中，检测出光伏系统处于孤岛运行状态的功能称为孤岛检测；检测出孤岛运行状态，并使光伏发电系统停止运行或与电网自动分离的功能称为防孤岛保护。孤岛检测是防孤岛保护的前提。

孤岛检测一般有被动检测和主动检测两种方法。

（1）被动检测方法。实时监视逆变器输出端的电压、频率、相位、谐波，当电网失电时，会在电网电压的幅值、频率、相位和谐波等参数上产生跳变信号，通过检测跳变信号来判断电网是否失电。被动检测方法一般无需增加硬件电路，成本低，实现容易。但是如果发电系统孤岛运行时，电源输出容量和负载需求相当，则被动检测方法可能失效。

（2）主动检测方法。由逆变器主动向电网注入电压、频率或功率的小幅度变化的干扰信号，通过检测反馈信号来检测是否发生孤岛现象。主动检测方法中用的比较多的是主动频移法，其基本原理是在并网系统输出中加入频率扰动，在并网的情况下，其频率扰动可以被大电网校正回来，然而在孤岛发生时，该频率扰动可以使系统变得不稳定，从而检测到孤岛的发生。主动检测方法判断准确，但技术相对复杂，而且对电能质量有一定的影响。

目前并网逆变器的反孤岛策略通常采用被动检测方法与至少一种主动检测方法相结合的方法。

6. 光伏逆变器的主要性能参数

（1）光伏逆变器的性能指标参数。对并网光伏逆变器来说，与其性能有关的主要技术参数有很多，可参考表 1-3。

表 1-3　　　　　某型号无变压器隔离组串型光伏并网逆变器技术参数一览表

产品参数	数值	参 数 含 义
直流侧参数		
最大直流电压	1000V$_{dc}$	逆变器的最大直流输入电压应大于接入组串的最大电压（还需考虑温度系数）
启动电压	250V	逆变器的最低启动电压。当超过这个阈值时，逆变器开始启动；低于该阈值时，逆变器关闭
满载 MPPT 电压范围	330～800V	更宽的 MPPT 电压范围能够实现更多发电
最低电压	250V	逆变器处于工作状态时的最低工作电压
最大直流功率	12.5kW$_p$	指逆变器允许的最大直流接入组串功率
最大输入电流	40A（每路 20A）	要保证每路 MPPT 接入的组串电流小于逆变器最大直流电流
推荐光伏阵列开路电压	700V	在此状态下，逆变器的转化效率最高
最大功率跟踪器路数/每路可接入组串数	2/3	逆变器的 MPPT 路数以及每路 MPPT 上可接入的组数量。本型号指的是 2 路 MPPT，每路 MPPT 上可接入组串数为 3 组
交流侧参数		
额定输出功率	12kW	当输出功率因数为 1（纯电阻性负载）时，逆变器额定输出电压和额定输出电流的乘积
最大交流输出电流	20A	主要由功率半导体开关性能所决定的参数。可以根据最大交流电流选择线缆的截面积、配电设备的参数规格
额定电网电压	400V$_{ac}$	光伏逆变器在规定的输入直流电压允许的波动范围内，应能输出额定的电压值
允许电网电压	310～480V	—
额定电网频率	50/60Hz	—
允许电网频率	47～52Hz 57～62Hz	在光伏逆变器的安全规定范围内设置允许电网频率。当光伏逆变器检测到电网交流频率超过规定设置值范围时，光伏逆变器会显示报错
总电流波形畸变率	<3%（额定功率）	逆变器额定功率运行时，注入电网的电流谐波总畸变率限值为 5%，逆变器注入电网的各次谐波电流限值可参见：北京鉴衡认证中心认证技术规范《并网光伏发电专用逆变器技术条件》（CGC/GF 004：2011）
直流电流分量	<0.5%（额定输出电流）	逆变器额定功率并网运行时，向电网馈送的直流电流分量应不超其输出电流额定值的 0.5%或者 5mA，取二者较大值
功率因数	0.9（超前）～0.9（滞后）	当逆变器输出有功功率大于其额定功率的 50%时，功率因数应不小于 0.98（超前或滞后）。该产品的无功功率可调
系统		
最大效率	98.0%	在特定的工作条件下（通常对应某一直流功率点），输出功率与输入功率之比的最大值

产品参数	数值	参数含义
欧洲效率	97.2%	在不同的直流输入功率点，得出不同的交流输出功率点，以所获的多个效率值加权计算获得的总体效率。该值更有参考意义
防护等级	IP65（室外）	6、5分别代表防尘、防水级别
夜间自耗电	0W	光伏逆变器晚上停止发电工作，其设备内部的二次电主要取自于电网，产生夜间自耗电
冷却方式	风冷	该型逆变器采用风扇冷却方式
允许环境温度	−25～60℃	当工作环境和工作温度超出上述范围时，可能导致逆变器散热、绝缘条件等变差，需考虑降低容量使用或重新设计定制
允许相对湿度	0～95%，无冷凝	
允许最高海拔	2000m	
显示与通信		
显示	LCD	
标准通信方式	RS485	
可选通信方式	以太网	

（2）并网光伏逆变器的保护功能。作为光伏发电系统重要组成部分的逆变器应具有以下基本保护功能：输入过电压、欠电压保护，输入过载保护，短路保护，过热保护；并网保护有输出过电压保护、过电流保护，过频、欠频保护及防孤岛效应保护。各保护功能说明如表1-4所示，其中对于光伏并网最重要的一个仍是防孤岛效应保护，是当今的研究热点。

表1-4　　　　　　　　　　并网逆变器保护功能说明

基本保护功能	直流输入过电压保护	当直流侧输入电压高于允许的接入电压最大值时，逆变器不得启动或在0.1s内停机，同时发出警示信号。直流侧电压恢复到逆变器允许工作范围后，逆变器应能正常启动
	直流输入过载保护	若逆变器输入端不具备限功率的功能，则当逆变器输入功率超过额定功率的1.1倍时需跳保护。 若当光伏方阵输出的功率超过逆变器允许的最大直流输入功率时，逆变器应自动限流工作在允许的最大交流输出功率处
	极性反接保护	输入直流极性接反时，逆变器能停止输出
	反放电保护	当逆变器直流侧电压低于允许工作范围或逆变器处于关机状态时，逆变器直流侧应无反向电流流过
	过热保护	当功率模块温度超过限定值时，逆变器应自动关机
并网保护功能	交流输出过电压、欠电压保护	当电网电压超出允许电压范围时，逆变器应立刻脱离电网并发出警示信号。电网电压恢复到允许范围时，逆变器应能启动运行
	交流输出过频、欠频保护	当电网频率超出允许范围时，逆变器切出电网。电网频率恢复到允许运行的电网频率时，逆变器应重新启动运行
	交流缺相保护	逆变器交流输出缺相时，逆变器自动保护，并停止工作。正确连接后逆变器应能正常运行
	短路保护	逆变器开机或运行中，检测到输出侧发生短路时，逆变器应能自动保护

并网保护功能	防孤岛保护	逆变器并入 10kV 及以下电压等级配电网时，应具有防孤岛效应保护功能。若逆变器并入的电网供电中断，逆变器应在 2s 内停止向电网供电，同时发出警示信号
	低电压穿越	并入 35kV 及以上电压等级电网的逆变器必须具备电网支撑能力，避免电网电压异常时脱离，引起电网电源的波动
	操作过电压	在逆变器与电网断开时，为防止损害与逆变器连接到同一电路的电力设备，其瞬态电压不得超过规定限值

（三）汇流箱

对于大型并网发电系统，为了减少光伏组件与逆变器之间的连接线，方便维护，提高可靠性，一般需要在光伏组件与逆变器之间装设汇流箱（直流汇流装置），将多路组件串汇并成一路。

光伏电站选用光伏阵列防雷汇流箱，其中检测模块可以对每路电流进行检测，监控光伏组件组串，对防雷模块等状态接点进行故障报警。汇流箱内部结构如图 1-32 所示。

图 1-32　汇流箱内部结构

1—直流正极汇流输出；2—直流负极汇流输出；3—接地端子；

4—通信电源端子和 RS485 通信接口；5—主汇流板；

6—副汇流板；7—监测板；8—防雷器；9—直流断路器

（四）光伏连接器

光伏电站中，要把大量组件的电量汇集在一起进入逆变器，必须依赖电缆和连接器。光伏连接器是光伏发电系统内组件、汇流箱、控制器和逆变器等各个部件之间相互连接的关键零件。

光伏连接器通常分为线端和板端两部分，由金属件和绝缘件组成，如图 1-33 所示。不同厂家的光伏连接器在规格、尺寸和公差配合等方面不一致，不能 100% 匹配。倘若强行互插，会导致温度升高、接触电阻变化和 IP 等级无法保证等问题，进而严重影响发电效率和安全。

光伏连接器通常要达到如下要求：

（1）电阻要求。正确对插金属插针和插套，从两端测量电阻，不得大于 0.35mΩ。

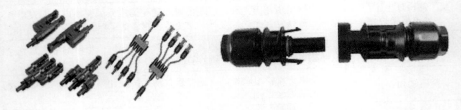

图 1-33　光伏连接器

（2）防护等级要求。正确对插公母连接器，防护等级应达到 IP68（水下 1 米，1 小时）。

（3）连接力要求。正确对插公母连接器，两者的连接力不应小于 80N。

（4）温升要求。在 85℃条件下，加载允许载流电流时其温度不得超过上限温度 105℃。

（5）产品认证要求。连接器至少具有下列认证 TUV（根据标准 EN50521 以及 IEC62852），UL（根据标准 UL6703），CQC（根据标准 CNCA/CTS0002）。

（6）其他要求。

1）具有良好的耐盐雾和耐氨性能（耐氨参考 DLG，盐雾试验严酷等级 6）。

2）绝缘材料采用 SABIC 或 Basf 的 PC 或 PA 材料。

第四节　光伏发电系统的并网影响

随着越来越多的分布式光伏电源接入配电网系统，对传统的配电网管理提出了新的挑战。光伏发电系统接入不仅改变了配电网的单端电源供电模式，还将对配电网安全稳定运行带来较大影响。由于光伏发电受天气影响和光照强度影响，光伏电源的输出功率具有间歇性、波动性特点，对配电网的负荷预测、规划设计、供电可靠性、电能质量及运行检修等都带来较大影响。

一、分布式光伏并网对负荷特性及负荷预测的影响

光伏电源一般通过配电网母线或者馈线接入配电网，光伏电源接入后，配电网的负荷分布和潮流方向将发生变化。光伏电源发电功率随太阳辐照度和温度变化，大量光伏电源接入会改变配电网的负荷曲线特征和最大负荷点，年负荷、日负荷等都会随之而改变。

光伏最大出力一般为装机容量的 70%～80%，故选择光伏装机容量的 80%为光伏发电的最大出力。光伏发电高峰一般在 10:00～15:00 之间，可以减轻日间高峰负荷时电网的供电压力，具有平滑负荷曲线的作用。装有分布式光伏的电网高峰负荷得到消减，通常高峰时间由原来的 11:00～13:00 推迟到 21:00，因此，分布式光伏具有明显的移峰、削峰作用。

由于光伏发电受天气影响和光照强度影响，光伏电源的输出功率具有间歇性、波动性的特点，分布式光伏电源的并网使电力系统的负荷预测与过去相比有更大的不确定性。大量的分布式电源安装在用户侧附近，用户可以根据需求选择分布式电源为其提供电能，配电网的负荷增长部分被分布式电源的接入抵消，增加了区域负荷预测难度，对区域电网规划产生了不利影响。

二、分布式光伏并网对电网可靠性的影响

分布式光伏电源的接入相当于增加了配电系统备用电源的数量与容量，因此能够提高系统的供电能力和可靠性。但由于分布式光伏电源出力波动性、间歇性的特点及其自身可靠性等原因，分布式电源的出力不足或退出运行可能会导致系统供电能力不足，从而影响系统的可靠性。

以元件故障为出发点分析系统内各个用户或负荷点受故障影响的情况，进而计算系统平均停电持续时间和系统平均停电频率等与用户相关的可靠性指标。目前，含分布式电源

配电网可靠性评估方法仍沿袭传统的以故障模式影响分析为基础的思路，只是增加了故障后系统的孤岛运行。在分布式电源高渗透率情形下，如仅考虑故障状态，则无法计及缺电风险对系统可靠性的影响。因此，在分布式电源高渗透率情况下，配电网可靠性评估应同时考虑发电和配电双重属性。

三、分布式光伏并网对继电保护的影响

目前，我国配电网一般采用单侧电源辐射型网络进行供电，其功率、电流等方向都不发生变化，所以馈线电流保护一般以传统的不带方向的三段式电流保护装置为主。当分布式电源接入配电网后，放射状的配电结构变成多电源结构，高渗透率分布式光伏电源使得配电网的网络结构和功率流动方向发生变化，对配电网故障电流的大小、方向及持续时间都有影响，常规的继电保护无法快速、准确地切除配电网的故障，从而使配电系统及其设备遭到破坏。同时，分布式电源本身的故障也会对系统运行和保护产生影响，要求继电保护设备具有方向性。

以分布式光伏电源接入环状配网为例，城市配电网中有部分网络采用手拉手的环状配网结构以提高供电可靠性。如图1-34所示，电源通过变压器接入配电线路，原有的双端电源供电网络变为多端供电，保护配合和协调变得更加复杂。若K处发生故障，右侧保护受系统提供短路电流影响，保护能够正常动作，左侧保护受到分布式光伏电源对短路电流的分流影响，使保护检测到的故障电流值要小于故障点实际值，保护可能会拒动。假如分布式光伏电源没有孤岛保护，会持续对短路点输送电流，有可能损坏分布式光伏电源系统。

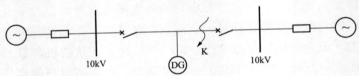

图1-34　分布式光伏电源接入手拉手环网结构示意图

四、分布式光伏并网对电能质量的影响

（一）对电压分布的影响

分布式光伏以专线接入配电网只影响变压器低压侧出口电压，不会对馈线电压产生影响。若同时考虑变压器分接头的调节作用，则可忽略分布式光伏专线接入对配电网电压的影响。分布式光伏发电以非专线方式接入配电网时，随着光伏发电并网位置不同，对馈线沿线电压影响也有所不同。当光伏发电容量与总负荷之比达到一定值时，配电馈线可能会出现末端节点电压高于首端节点电压的情况，从而影响馈线电压调节设备的正常工作。

1. 并网位置对电压分布的影响

以辐射状配电网为例，如图1-35所示，图中k点是光伏接入点。分布式光伏发电接入配电网后，接入点电源侧各支路因负荷电流减小使得电压损耗减小，而接入点负荷侧的各支路因负荷电流没有减少使得电压损耗并未变化。但由于接入点的电压被抬高，接入点负荷侧各节点电压也将被升高，从而改善整条馈线的电压水平。

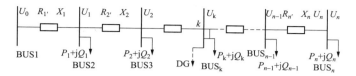

图 1-35 辐射状配电网光伏接入示意图

分布式光伏接入后，线路各节点电压均有一定的提升。接入点越靠近线路末端，线路末端电压提升水平越来越明显。当分布式光伏接入点移向系统母线侧时，电压损耗减小的支路数变少，分布式光伏对节点电压的影响有所削弱；反之，当分布式光伏接入节点靠近馈线末端时，可以加强对节点电压的支撑作用。

2. 并网容量对电压分布的影响

当分布式光伏接入的容量变大时，注入的光伏电流将随之增大，接入点电源侧的各条支路电流和电压损耗都将变小，电压改善效果更加明显。但是当接入的分布式光伏容量过大时将引起光伏潮流倒流，将在主电源与光伏接入点之间的某一个节点产生功率分点，沿着潮流流动方向，主电源到功率分点的线路电压降低；逆功率流动方向，从功率分点到光伏接入点的电压升高；从光伏接入点到馈线末端的电压沿潮流流动方向将降低。当从主电源到功率分点降低的电压小于从功率分点到光伏接入点升高的电压时，分布式光伏接入点的电压将高于系统（主电源）电压，在接入节点出现局部电压最大值，在功率分点处出现局部电压最小值，从而影响电网安全运行。此时，应通过降低分布式光伏发电容量或调节变压器分接头等手段，保证电网稳定运行。

（二）电压波动和闪变

电压闪变反映了电压波动引起的灯光闪烁对人的视觉产生的影响，是电压波动引起的结果。为了提高发电效率，分布式光伏发电采用最大功率追踪控制。当外界条件发生变化时，其输出功率必然随之变动，从而引起电压波动。分布式光伏发电受光照变化及其发电系统的启动和停运的影响，可能使配电网的电压经常发生波动。分布式光伏并网后，公共连接点处的电压波动和闪变应满足 GB/T 12326—2008《电能质量电压波动和闪变》的规定。

（三）谐波

分布式光伏发电产生谐波的原因主要有三个方面：①由于采用了并网逆变器等电力电子器件，使得分布式光伏向系统注入基波电流的同时，向系统注入了谐波电流。特别在光照较弱时，分布式光伏逆变器处于较低功率运行，逆变器采样精度较低，会产生较大谐波；在光照强度或温度变化较大时，分布式光伏电站的输出功率将产生间歇波动，引起谐波污染。同时，电网不对称故障的负序电压也会导致分布式光伏电站产生附加的电流谐波。②分布式光伏发电产生的谐波可能会在逆变器的入口滤波电容器和系统阻抗变压器上产生并联谐振。③逆变器并联也会对谐波产生一定影响，同类型逆变器并联时，由于内在电路和控制策略一致，因此可能会造成特征次谐波的叠加，而不同类型的逆变器则可能会相互抵消谐波。

当电网内分布式光伏并网发电规模有限时，逆变器产生的高次谐波对电网的污染一般在可控范围内；而当分布式光伏发电容量占总发电量比例上升后，较大的谐波会造成配电网中用电设备的过热、继电保护误动、设备绝缘破坏等危害。因此，必须对分布式光伏电站的谐波进行有效控制。按照规定，注入公网连接点的谐波电流允许值及各次谐波电压含有率应满足 GB/T 14549—1993《电能质量公用电网谐波》中的规定。

分布式并网光伏发电系统注入电网的谐波，具有如下特性：

（1）光伏并网电源注入低压电网的谐波值的大小主要取决于逆变器的质量。大多数情况下，只要逆变器的质量符合要求，其输出的谐波电流含量一般不会大于国家标准 4%的要求。但低压电网总保护器的额定动作电流均设置为 300mA 及以下，因此光伏并网电源输出的谐波电流对保护器的影响仍然比较明显。

（2）光伏发电系统由于光照强度、温度等环境因素变化导致其输出功率产生改变时，输出电压和电流均会随之波动，在并网过程中会产生比正常工作时更多的谐波分量，从而导致并入的电网过渡过程中含有大量谐波分量。

（3）逆变器输出的各次谐波中 3、5、7 次谐波含量相对较大，其中 3 次谐波的含量较大，对剩余电流的放大作用最大。

（四）对三相不平衡的影响

当分布式光伏采用单相接入时，会使原有三相平衡的电网产生三相电流（或电压）幅值不一致现象，且幅值差甚至有可能超过规定范围，不满足 GB/T 15543—2008《电能质量　三相电压不平衡》的规定。因此，国家电网公司《分布式光伏发电接入系统典型设计》规定，8kW 以下分布式光伏系统可采用单相接入，若分布式光伏容量继续增大，则需要考虑三相接入方案。

五、分布式光伏电源谐波对剩余电流动作保护器的影响

（一）分布式光伏并网电源谐波对剩余电流的影响

1. 剩余电流

剩余电流是指流过保护器主回路电流瞬时值的矢量和（用有效值表示），即三相漏电流的矢量和。剩余电流根据其产生的原因可分为正常剩余电流和故障接地剩余电流。故障接地剩余电流是由于绝缘击穿发生接地故障而流入大地的电流形成的剩余电流，保护器切除故障剩余电流后，必须现场消除故障点后才能恢复供电。正常剩余电流是指电网无绝缘故障，正常时从设备的带电部件流入大地的泄漏电流形成的剩余电流。正常剩余电流值过大易造成保护器误动作。

2. 谐波对剩余电流的影响

（1）谐波对正常泄漏电流的影响。

低压公用配电网的网络线路、用户内部线路及用电设备必然存在对地泄漏电流，这些泄漏电流也称对地电容电流。电网中单相架空线路每相电容电流可用下式计算：

$$I_C = 2\pi f C U_e = \frac{0.154}{\lg \dfrac{D_m}{r}} f U_e \times 10^{-6} \ (A/km) \tag{1-8}$$

式中：I_C 为导线对地的电容电流，A；U_e 为相电压，V；C 为单相对地电容，F；f 为交流

电频率，Hz；D_m 为几何均距，mm；r 为导线半径，mm。

可见，电网正常的泄漏电容电流与频率成正比，当电网上注入谐波时，由于其频率是工频 50Hz 的整数倍，因此电网各相正常对地电容电流相应增加整数倍。当三相线路长度和电压不平衡时，各相正常对地电容电流矢量和就不等于零，此时就产生了通常所说的正常累积的剩余电流。显然，当电网中存在谐波时，电网的总剩余电流值将大于正常 50Hz 工频电压的泄漏电流。

（2）$3k$ 次谐波对剩余电流的影响。

当电网中注入 $3k$（k 为整数）次谐波时，由于三相谐波的相位角依次相差 $3k \times 120° = k360°$，因此三相电网中各相对地的谐波泄漏电流为零序电流，它们的相位相同，其矢量和就是代数和，叠加后的剩余电流值必然是成倍增加的，且一定大于正常 50Hz 工频剩余电流。

（3）（$3k+1$）和（$3k-1$）次谐波对剩余电流的影响。

当电网中注入（$3k+1$）（k 为整数）次谐波时，即谐波次数为 4、7、10 等时，谐波的相位角为（$3k+1$）$\times 120° = k360° + 120°$，三相电网中各相对地的谐波泄漏电流为正序电流，即三相电流的相位相差 120°；当谐波次数为（$3k-1$）时，即谐波次数为 5、8、11 等时，谐波的相位角为（$3k-1$）$\times 120° = k360° - 120°$，三相电网中各相对地的谐波泄漏电流为负序电流，即三相电流的相位相差 240°。这两种情况下，电网正常的总谐波剩余电流为谐波泄漏电流的矢量和，叠加后的总谐波剩余电流值可能是增加的，也可能是减少的。当三相电流完全对称时，总谐波剩余电流可能为零。

由于农村公用低压电网中单相用户分布不均匀、各相单接户线数量不等、分支线长度不相等导致三相线路长度不相等原因，使得电网各相参数呈现较为普遍的不对称性，无论多少次谐波注入低压电网，一般都会使电网正常剩余电流大于工频 50Hz 基波造成的剩余电流。

（二）分布式光伏电源谐波对保护器的影响

1. 保护器的工作原理和配置

低压三相四线制公用电网保护器的工作原理如图 1-36 所示。理想状态下，当三相负荷和对地泄漏阻抗均平衡且未发生单相接地故障或三相泄漏电流对称时，流过保护器的剩余电流为零，即 $\dot{I}_{\Delta0} = \dot{I}_{\Delta A} + \dot{I}_{\Delta B} + \dot{I}_{\Delta C} + \dot{I}_{\Delta N} = 0$，保护器能可靠投运；当电网发生单相接地故障或三相

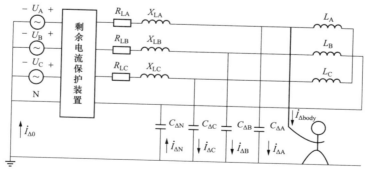

图 1-36 低压三相四线制公用电网保护器的工作原理

正常泄漏电流不对称时，流过保护器的剩余电流不为零，即 $\dot{I}_{\Delta 0} = \dot{I}_{\Delta A} + \dot{I}_{\Delta B} + \dot{I}_{\Delta C} + \dot{I}_{\Delta N} = \dot{I}_{\Delta body}$，当 $\dot{I}_{\Delta body}$ 大于保护器的额定剩余动作电流时，保护动作切除电源，从而切除故障保证电网和人身安全。

为保证保护器尽可能发挥最大的保护效率，又尽可能减少影响供电的范围，农村低压电网应实施剩余电流动作总保护、中级保护、户保和末级保护的分级保护方式，共同组成农村低压电网的保护器系统。

2. 分布式光伏电源谐波对保护器动作可靠性的影响

研究表明：三相负荷不平衡度 γ、总谐波畸变率 THD 与正常泄漏电流之间的关系如图 1-37 所示。

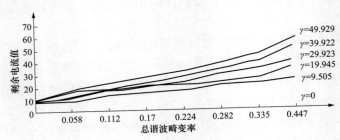

图 1-37　三相负荷不平衡度 γ、总谐波畸变率 THD 与正常泄漏电流之间的关系

由图 1-37 可知，当系统的三相负荷平衡时，随着总谐波畸变率 THD 的增加，剩余电流幅值很小；当系统的三相负荷不平衡时，剩余电流幅值随着 THD 的增大而增大。当 THD 值一定时，剩余电流幅值随着 γ 值的增大而增大。因此，谐波对于剩余电流幅值的影响在三相负荷不平衡时才能明显地表现出来，且随着 γ 的变化，其影响程度也会随之变化。当 γ 和 THD 均较大时，流过保护器的正常剩余电流幅值在系统未发生单相接地故障事故时也可能超过保护器的额定剩余动作电流值，引起保护器误动作，影响保护器动作正确性。

3. 降低分布式光伏电源谐波对保护器动作正确性影响的措施

分布式光伏电源接入低压公用配电网，必然会向低压电网注入大量的谐波电流，对保护器的动作正确性、运行稳定性的影响是不可避免的。降低谐波对保护器的误动影响的措施可以从以下两个方面进行。

（1）减小低压电网的三相负荷不平衡度 γ。

由于低压电网中大多数负荷采用单相供电，各相上单负荷分配不均会导致三相负荷不平衡。《架空配电线路及设备运行规程》（SD 292—1988）规定：配电变压器的三相负荷应力求平衡，不平衡度不应大于 15%，只带少量单相负荷的三相变压器，中性线电流不应超过额定电流的 25%，不符合上述规定时，应对负荷进行调整。

减小三相负荷不平衡度的主要措施为：①合理分配三相负荷，使三相所带负荷功率基本相等，负荷类型基本相同；②采用三相轮换的方法保持负荷平衡；③采用新型三相负荷不平衡补偿装置，实行就地补偿，减小三相负荷不平衡度。

（2）减小分布式光伏电源注入电网的总谐波畸变率 THD。

根据 GB/T 14549—1993 的要求，必须对各种非线性负荷注入电网的谐波电压和谐波电流加以限制。电力系统常用的谐波处理措施为：①加大系统短路容量；②增加变流装置的脉动数；③改善系统的运行方式；④设置交流滤波器。

（3）提高保护器的性能，增加抗谐波功能。

农村低压电网三相线路技术参数不可能完全对称，要通过低压电网的三相不平衡度来减小谐波剩余电流对保护器动作可靠性的影响难度较大。目前各类光伏逆变器输出谐波含量均不会超标，要对其总谐波畸变率 THD 进一步限制也非常困难。因此，提高保护器的性能，增加抗谐波功能成为解决分布式光伏电源谐波对保护器负面影响的直接、有效措施。

第二章 分布式光伏并网接入技术

本章主要对分布式光伏并网的接入技术要求、主要设备选型、安全与保护、电能质量要求、电能计量及通信要求、通用技术要求进行介绍。

第一节 并网接入技术要求

分布式光伏发电系统接入电网应结合当地电网规划、分布式电源规划，遵循就近分散接入、就地平衡消纳的原则。接入要求涵盖了电压等级确定、并网点选择、并网接入方式选择、并网容量管理、电气主接线选择等内容。

一、并网接入总体要求

分布式光伏发电系统接入电网应确保电网和发电系统的安全稳定运行，充分考虑发电电量就地消纳能力和接入引起的公共电网潮流变化，通过新增和改造相关设备和保护措施减少对公共电网和用户用电的影响。

根据并网发电容量、电量消纳模式、接入方式选择等因素，依据潮流、短路等电气计算合理确定接入电压等级、接入点位置、保护方式、电气主接线、电气设备选型等内容。同时，需确保接入后用户侧的电能质量和功率因数等满足标准要求。

发电并网采用的电气设备必须符合国家或行业的制造（生产）标准，其性能应满足电气安全运行和电网安全运行的技术要求。

二、电压等级确定

分布式光伏接入电网的电压等级应按照安全性、灵活性、经济性的原则，根据分布式电源容量、发电特性、导线载流量、上级变压器及线路可接纳能力、用户所在地区配电网情况，经过综合比选后确定。

分布式光伏接入电网的电压等级可根据装机容量进行初步选择，参考标准如下：8kW及以下可接入220V，8~400kW可接入380V，400~6000kW可接入10kV。

最终并网电压等级应根据电网条件，通过技术经济比选论证确定。若高低两级电压均具备接入条件，优先采用低电压等级接入。

三、并网点选择

分布式电源并网点选择应根据其电压等级及周边电网情况确定，确定原则为电源并入电网后能有效输送电力并且能确保电网的安全稳定运行。

（一）全额上网模式

（1）10kV 升压站的分布式光伏并网点应选择 10kV 升压站 10kV 进线间隔。

（2）380V 分布式光伏并网点应选择 380V 并网配电箱（柜）、380V 并网计量箱（柜），光伏多路输出的发电电源应汇流后单点接入并网点。

（3）220V 分布式光伏并网点应选择 220V 并网配电箱（柜）、220V 并网计量箱（柜），光伏多路输出的发电电源应汇流后单点接入并网点。

（二）自发自用（含自发自用余电上网、全部自用）模式

（1）接入 10kV 用户降压站的分布式光伏并网点应选择 10kV 降压站 10kV 母线并网间隔、用户 10kV 开关站并网间隔、低压配电室 400V 并网间隔。

（2）380V 分布式光伏并网点应选择在 380V 并网配电箱（柜）、380V 并网计量箱（柜）。

（3）220V 分布式光伏并网点应选择在 220V 并网配电箱（柜）、220V 并网计量箱（柜）。

（三）供电单元并网点设置要求

一个供电单元下（一条线路、一台主变压器、一条母线）原则上只允许一个并网点，光伏多路输出的发电电源应汇流后单点接入并网点。避免一个供电单元下拆分多个并网点而出现保护配置困难和保护范围盲区的情况。

（四）10kV 及以下分布式光伏发电并网点的图例说明

1. 10kV 分布式光伏发电并网点

如图 2-1 所示，虚线框为用户内部电网，该用户电网通过公共连接点 E 与公共电网相连。在用户电网内部有三个光伏发电系统，分别通过 A 点、B 点、C 点与用户电网相连，A 点、B 点、C 点均为分布式光伏发电并网点，但不是公共连接点。在 F 点，有光伏发电系统直接与公用电网相连，D 点是分布式光伏发电并网点，F 点是公共连接点。

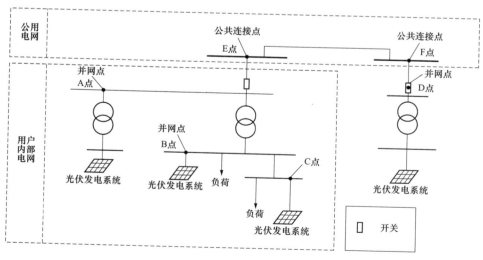

图 2-1 10kV 分布式光伏发电并网点图例说明

2. 220V/380V 全额上网模式分布式光伏发电并网点

220V/380V 全额上网模式分布式光伏发电并网点图例说明如图 2-2 所示。

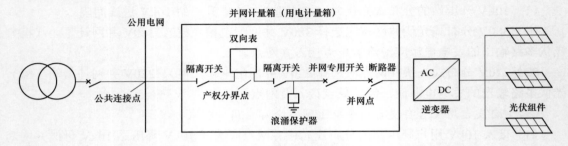

图 2-2　220/380V 全额上网模式分布式光伏发电并网点图例说明

3. 220/380V 自发自用（含自发自用余电上网、全部自用）模式分布式光伏发电并网点

220/380V 自发自用（含自发自用余电上网、全部自用）模式分布式光伏发电并网点图例说明如图 2-3 所示。

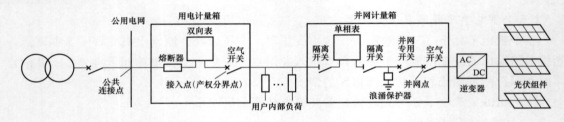

图 2-3　220/380V 自发自用（含自发自用余电上网、全部自用）模式
分布式光伏发电并网点图例说明

四、并网接入方式选择

对于利用建筑屋顶及附属场地建设的分布式光伏项目，发电消纳模式包括全额上网、自发自用余电上网、全部自用三种，由用户自行选择。发电消纳模式选择全部自用和自发自用余电上网项目，接入用户侧，用户不足用电量由电网提供；发电消纳模式选择全额上网项目，就近接入公共电网，用户用电量由电网提供。在同一屋顶建设的分布式光伏项目应选用同一种电量消纳模式。

根据建筑屋顶的情况可将分布式光伏分为非户用型企业光伏和户用型家庭光伏两类。结合国家电网公司分布式电源接入系统典型设计要求选择并网接入方式。

（一）非户用型企业光伏接入方式

应根据电网周边环境、用户内部接线环境、并网容量等情况确定接入电网方式和用户内部受电方式，根据接入情况分为单点接入方案和多点接入方案。

1. 单点接入方案

分布式光伏发电单点接入系统包括专线接入公共电网、就近 T 接临近公线和接入用户内部。

（1）10kV 全额上网接入公共电网。

1）公共连接点为公共电网变电站 10kV 母线，单个并网点参考容量 1～6MW。

2）公共连接点为公共电网开关站 10kV 母线，单个并网点参考装机容量 400kW～6MW。

公共连接点为公共电网变电站 10kV 母线、公共电网开关站 10kV 母线均属于专线并网方式，专线接入方式的问题在于需要占用有限的变电站和开关站的间隔资源，特别是城市中心地带和用电集中的高新技术开发区、工业园区内，由于用电项目多，供电区域母线间隔占用率本来就高，并且通过改造增加间隔需要很高的成本和较长的工期。另外，由于建设专用线路所必须增加的电缆、路径通道和保护配置的施工和改造，造成专线接入的投资比较大。因此，专线接入方式多数适用于容量较大，对接入成本增加的敏感性较低，并且所发电量全额上网的分布式光伏项目。

3）公共连接点为公共电网 10kV 线路 T 接点，单个并网点参考装机容量 400kW～6MW。

分布式电源全额上网接入公线时，10kV 线路档距在 50m 左右，如果就近接入杆塔均有落火点，不满足接入条件，可根据实际情况考虑在两基杆塔中间新加一基杆塔或者延伸一基杆塔接入。

在城市中心地带，用户配电室一般采用中压箱 T 接接入的方式，依据全额上网就近接入的原则，面对中压箱不具备保护功能不满足光伏接入要求，可考虑从中压箱新出线，新建环网柜接入，环网柜可考虑建设在用户厂区，环网柜的后续管理需和用户协商；或者开断原来到用户配电室的电缆，新建一进二出的环网柜，一路接进原用户配电室，另一路供光伏接入。

（2）10kV 自发自用余电上网/全部自用接入用户电网。

接入用户 10kV 母线，单个并网点参考装机容量 400kW～6MW。

自发自用余电上网/全部自用接入用户电网的光伏系统，上网关口与用电关口采用同一套计量装置，受电流互感器计量精确度限制，光伏装机容量不应超过用户电流互感器所能承受的最大功率。

（3）380V 自发自用余电上网/全部自用接入用户电网。

接入用户配电室低压母线，单个并网点参考装机容量 20～400kW。

自发自用余电上网/全部自用接入用户电网的光伏系统，单个并网点参考装机容量不大于 400kW，采用三相接入。装机容量 8kW 及以下，可采用单相接入。光伏并网柜通常接入用户配电室低压总柜断路器下桩头，考虑光伏发电并网效率，如果光伏配电室距离用户配电低压室较远，依据现场实际情况，该光伏并网可就近接入低压分支箱。

2．多点接入方案

考虑到多点接入计量装置（电能表、互感器）安装和光伏并网后期的管理问题，原则上多点不超过两个点并网，全额上网推荐采用单点并网方式。同时，必须满足光伏多点并网总容量不影响用户的计量准确性，即不应更换用户（上网关口）电流互感器。

（1）10kV 接入用户电网。

按光伏用户提供的光伏矩阵及逆变器配置情况，考虑光伏发电并网效率，可考虑光伏多点接入高压配电室配电柜。用户配电室的高压室需预留并网高压柜位置。采用多回线路将分布式光伏接入用户 10kV 开关站、配电室。方案以光伏发电单点接入用户 10kV 开关站、配电室为基础模块，进行组合设计。

（2）380V/10kV 电压接入用户电网。

以 380V/10kV 电压等级将光伏接入用户电网，380V 接入点为用户配电室 380V 母线，10kV 接入点为用户 10kV 母线。以光伏发电单点接入用户配电室和单点接入用户 10kV 开关站、配电室方案为基础模块，进行组合设计。

自发自用余电上网/全部自用接入用户电网的光伏系统，接入配电室低压母线时，单个并网点参考装机容量 20～400kW；接入用户 10kV 开关站、配电室时，单个并网点参考装机容量 400kW～6MW。

（3）380V 接入用户电网。

采用多回线路将光伏接入用户配电室或分支箱低压母线。方案设计以光伏发电单点接入用户配电箱和单点接入用户配电室或分支箱方案为基础模块，进行组合设计。

自发自用余电上网/全部自用接入用户电网的光伏系统，单个并网点参考装机容量不大于 400kW，采用三相接入。

（二）户用型家庭光伏接入方式

家庭屋顶光伏多路输出的发电电源应汇流后单点接入并网点，家庭屋顶光伏应按用户所处环境、并网容量等确定接入系统方式。

根据全额上网、自发自用余电上网两种并网模式，全额上网模式应直接接入公共电网低压分支箱或公用低压线路，自发自用余电上网模式应接入用户计量箱（柜）表计负荷侧。自发自用余电上网模式接入用户计量箱（柜）表计负荷侧的位置选择应在原用户剩余电流保护装置的电网侧。单个并网点参考装机容量不大于 100kW，采用三相接入；装机容量 8kW 及以下，可采用单相接入。

五、并网容量管理

光伏投资单位前期需做好光伏项目可行性研究工作并报当地发展和改革委员会（以下简称发改委）备案，出具的可行性研究报告应涵盖光伏并网实施方案，依据用电设备负载、屋顶的样式和屋顶的面积进行最佳安装容量测算。用户报装容量不得超过当地政府（发改委）项目备案容量。以经济开发区形式总容量等类型打包备案的，单个子站项目容量不受备案容量约束，但所有子站装机总容量不得超过备案容量，如建筑面积确实有裕量时，需向当地政府重新备案或进行备案变更。

分布式光伏电源的接入容量受多种因素影响，如接入位置、负荷情况、相关技术规范等。

（一）自发自用余电上网

（1）申请 380V 接入用户电网的光伏用户，考虑到节假日期间用户低负荷，光伏发电量通过用户变压器向电网侧反送电，为避免用户变压器过载运行，故申请光伏装机容量不得超过关联用户变压器容量，必要时可建议用户申请备案项目变更、采取全额上网的方式或者降低光伏并网容量。此外，为便于管理，低压并网以不超过两个并网点为宜。

（2）申请 10kV 接入用户电网的光伏用户，申请光伏容量以不更换用户电流互感器、不影响用户计量精度为第一原则。

根据用户现场装设的电流互感器，按以下公式计算最大装机容量：

$$P_{max} = \sqrt{3}UI$$

（2-1）

式中：P_{max} 为光伏最大可接入容量；U 为线路额定电压；I 为电流互感器一次侧额定电流。

1）用户申请容量满足低压接入，而配电室的低压室没有预留低压并网柜位置，不具备低压接入要求时，可建议用户高压并网或者考虑厂区新建独立光伏配电房；用户申请高压并网或者申请容量需高压并网，而配电室的高压室不满足高压接入要求时，可考虑变更接入方式，采取全额上网接入公共电网的并网方式。

2）用户有增容在途流程或者有增容需要时，用户配电室供电设施按最终配电变压器容量确定光伏容量接入条件，同时光伏并网容量需根据用户变增容进度考虑，在时限上不能满足时，应按用户现有配电变压器容量分批并网，光伏企业并网高压柜及电缆可按最终容量一次建成。

3）针对余电上网用户，关联用户如有两台变压器，如用户容量 1880kVA（630、1250kVA 变压器各一台），正常运行时低压母联断路器断开，用户申请光伏容量 800kW 分两点低压并网，运行中如遇用户 1250kVA 配电变压器退出运行申请减容需求，低压母联断路器合闸前，相应接入该配电变压器的光伏发电同时退出运行；待措施完善或方案变更验收合格后，方可并网发电。类似的情况有用户容量 945kVA（315、630kVA 变压器各一台），用户申请光伏容量 630kW，按光伏用户提供的光伏矩阵及逆变器配置情况，考虑光伏发电并网效率，拟建光伏分两点就近接入低压配电室的配电柜，根据用户生产需要，630kVA 变压器退出运行时对应的光伏并网柜同时退出运行。

（二）全额上网

（1）线路型号决定了线路的传输容量，当分布式光伏扩容到一定程度时，线路的输送容量将不能满足分布式光伏的最大送出功率，限制分布式光伏的准入功率。此外，分布式光伏在线路传输过程中，将带来网络损耗的变化。因此，针对光伏发电接入，需合理确定原有线路型号及长度。

（2）面对新装用户，用户永久供电方案建设无法确定时，应采取全额上网方式或者按照当前用户现有配电变压器容量分批并网，光伏企业并网高压柜及电缆可按最终容量一次建成。

（3）针对大容量分布式光伏，需要采用专线接入变电站形式。变电站剩余间隔数目将制约分布式光伏采用专线接入的方式。

（4）两家企业位置相邻，属于同一个投资主体，两家企业配电室的供电设施均不具备光伏容量并网接入要求，同时两家企业针对光伏电站本体设备建设均不满足场地设置要求。可采用光伏组件分别位于两家企业内，电站本体合二为一的格局来解决光伏升压站用地问题。

分布式光伏接入后，不应通过主变压器向上级电网输送功率，因此分布式光伏的发电量能否被变电站最大负荷消纳，是制约分布式光伏接入的重要影响因素。

六、电气主接线选择

分布式电源升压站或输出汇总点的电气主接线方式，应根据分布式电源规划容量、分期建设情况、供电范围、当地负荷情况、接入电压等级和出线回路数等条件，通过技术经济分析比较后确定，可采用以下主接线方式：

（1）380V 余电上网接入用户配电室，不会改变原有用户变电站电气主接线方式；光伏电站 380V 侧采用单元或单母接线。

（2）10kV 接入用户内部电网或者公网，光伏电站 10kV 侧采用线变阻或单母接线；光伏电站 380V 侧采用单元或单母接线；对于单台变压器接入 10kV 采用线变阻接线方式，多台变压器接入采用单母线接线方式。

（3）接有分布式电源的配电台区，不得与其他台区建立低压联络（配电室、箱式变压器低压母线间联络除外）。

第二节 主要设备选型

一、电气设备选型

为了从根本上杜绝安全隐患，提高分布式光伏电站的运行水平，保障电源发电效益的最大化，对分布式光伏电站接入配电网工程设备的质量把控十分必要，分布式光伏接入系统工程应选用参数、性能满足电网及分布式电源安全可靠运行的设备。应根据接入系统方案设计中潮流分析、短路电流计算和无功平衡计算进行主要电气设备选型。应对设计水平年有代表性的最大、最小负荷运算方式，检修运行方式及事故运行方式进行潮流试算。分布式发电系统接地设计应满足《交流电气装置的接地设计规范》（GB/T 50065—2011）的要求。分布式电源接地方式应与配电网侧接地方式一致，并应满足人身设备安全和保护配合的要求。

用于分布式电源接入配电网工程的电气设备主要包括升压变压器、电缆、断路器、无功补偿装置等，相关参数应结合现场实际情况做到符合相关标准规定。

（一）分布式电源升压变压器

分布式光伏逆变器逆变电压经变压器升压后与 10kV 系统电网并网，变压器的参数应符合《电力变压器能效限定值及能效等级》（GB 24790—2009）、《油浸式电力变压器技术参数和要求》（GB/T 6451—2015、《电力变压器选用导则》（GB/T 17468—2008）的有关规定。变压器单台容量和数量应综合考虑分布式电源的当前和远期装机情况，按照实际情况进行选择。升压变压器容量宜采用 315、400、500、630、800、1000、1250kVA 或多台组合。

根据自然条件、变压器的形式和容量，选择合适的冷却方式。由于升压站场地限制，分布式电源变压器多采用干式变压器，自然风冷却方式，推荐使用低损耗型变压器，如 SCB11。升压变压器容量可按光伏方阵单元模块最大输出功率选取。对于在沿海或风沙大的分布式光伏电源点，当采用户外布置时，沿海变压器防护等级应达到 IP65，风沙地区变压器防护等级应达到 IP54。

（二）分布式电源送出线路

1. 选型原则

分布式电源送出线路导线截面选择应遵循以下原则：

（1）分布式电源送出线路导线截面应根据所需送出的容量、并网电压等级选取，并考虑分布式电源发电效率等因素。

（2）当接入公共电网时，应结合本地配电网规划与建设情况选择适合的导线。380V 电缆可选用 120、150、185、240mm^2 等截面，10kV 电缆可选用 70、150、185、240、300mm^2 等截面。电缆采用铜芯电缆。

全额上网 10kV 的电缆长度可考虑按以下经验公式进行计算，其他接入方式可参考该公式根据实际情况进行电缆选择。

$$L = (a + b)\alpha\beta \tag{2-2}$$

式中：a 为现场查勘时，落火杆到光伏配电室的测距长度；b 为落火杆的杆长，一般为 12、15、18m 电杆；α 为余量系数，一般取 1.07；β 为电缆采购系数，取 1.2～1.3。

光伏电站常用的电缆类型主要有铜电缆、铝合金电缆和铜包铝电缆三种。

2. 基本要求

光伏直流电缆应满足抗紫外线、抗老化、抗高低温、防腐蚀和阻燃等性能要求，选用国家标准双绝缘防紫外线阻燃铜芯电缆［电性能符合《橡胶和塑料软管　静态下耐紫外线性能测定》(GB/T 18950—2003) 性能测试要求和行业标准《光伏发电系统用电缆》T/CEEIA 218—2012 的要求］。

光伏交流电缆要求选用铜芯电缆，或合金铝电缆。

3. 电缆截面选择要求

（1）按持续允许电流选择。

敷设在空气中和土壤中的电缆允许载流量的计算公式如下：

$$KI_N \geqslant I_g$$

式中：I_g 为计算工作电流，A；I_N 为电缆在标准敷设条件下的额定载流量，如附录 D 表 D1～表 D7 所示，A；K 为不同敷设条件下综合校正系数。

空气中单根敷设时，$K = K_t$；空气中多根敷设时，$K = K_t K_1$；空气中穿管敷设时，$K = K_t K_2$；土壤中单根敷设时，$K = K_t K_3$，土壤中多根敷设时，$K = K_t K_3 K_4$。其中，K_t 为不同环境温度时的载流量校正系数，如表 2-1 所示；K_1 为空气中单层多根并列敷设时电缆载流量的校正系数，如表 2-2 所示，在电缆桥架上无间距配置多层并列时持续载流量的校正系数如表 2-3 所示；K_2 为空气中穿管敷设时载流量的校正系数，电压为 10kV 及以下、截面为 95mm^2 及以下时取 0.9，截面为 120～185mm^2 时取 0.85；K_3 为不同土壤热阻系数时电缆载流量的校正系数，如表 2-4 所示；K_4 为多根并列直埋敷设时电缆载流量的校正系数，如表 2-5 所示。

表 2-1　　　　35kV 及以下在不同环境温度时的载流量校正系数 K_t

项　目	空　气　中				土　壤　中			
环境温度/℃	30	35	40	45	20	25	30	35

项　　目	空　气　中				土　壤　中			
	60	1.22	1.11	1.0	0.86	1.07	1.0	0.93	0.85
缆芯最高工作温度/℃	65	1.18	1.09	1.0	0.89	1.06	1.0	0.94	0.87
	70	1.15	1.08	1.0	0.91	1.05	1.0	0.94	0.88
	80	1.11	1.06	1.0	0.93	1.04	1.0	0.95	0.90
	90	1.09	1.05	1.0	0.94	1.04	1.0	0.95	0.92

注　其他环境温度下载流量的校正系数 K_t 可按下式计算：

$$K_t = \sqrt{\frac{\theta_m - \theta_2}{\theta_m - \theta_1}}$$

式中：θ_m 为缆芯最高工作温度，℃；θ_1 为对应于额定载流量的基准环境温度，℃；θ_2 为实际环境温度，℃。

表 2-2　　　　　空气中单层多根并列敷设时电缆载流量的校正系数 K_1

并列根数		1	2	3	4	6
电缆中心距	$S^*=d^{**}$		0.90	0.85	0.82	0.80
	$S=2d$	1.00	1.00	0.98	0.95	0.90
	$S=3d$		1.00	1.00	0.98	0.96

注　1. 本表按全部电缆具有相同外径条件制定，当并列敷设的电缆外径不同时，d 值可近似地取电缆外径的平均值。

　　2. 本表不适用于交流系统中使用的单芯电力电缆。

* 　S 为电缆中心间距离。

** 　d 为电缆外径。

表 2-3　　　　在电缆桥架上无间距配置多层并列电缆时持续载流量的校正系数 K_1

叠置电缆层数	桥架类别		叠置电缆层数	桥架类别	
	梯架	托盘		梯架	托盘
1	0.80	0.70	3	0.55	0.50
2	0.65	0.55	4	0.50	0.45

注　呈水平状并列电缆不小于 7 根。

表 2-4　　　　　　不同土壤热阻系数时电缆载流量的校正系数 K_3

土壤热阻系数/（℃·m/W）	分类特征（土壤特性和雨量）	校正系数
0.8	土壤很潮湿，经常下雨，如相对湿度大于 9% 的沙土，相对湿度大于 14% 的沙—泥土等	1.05
1.2	土壤潮湿，规律性下雨，如相对湿度大于 7% 但小于 9% 的沙土，相对湿度为 12%～14% 的沙—泥土等	1
1.5	土壤较干燥，雨量不大，如相对湿度为 8%～12% 的沙—泥土等	0.93
2.0	土壤干燥，少雨，如相对湿度大于 4% 但小于 7% 的沙土，相对湿度为 4%～8% 的沙—泥土等	0.87
3.0	多石地层，非常干燥，如相对湿度小于 4% 的沙土等	0.75

注　1. 本表适用于缺乏实测土壤热阻系数时的粗略分类，对 110kV 及以上电压电缆线路工程，宜以实测方式确定土壤热阻系数。

　　2. 本表中校正系数适用于土壤热阻系为 1.2℃·m/W 的情况，不适用于三相交流系统的高压单芯电缆。

表 2-5　　　　　　多根并列直埋敷设时电缆载流量的校正系数 K_4

根　　　数		1	2	3	4	5	6
电缆之间净距/mm	100	1	0.90	0.85	0.80	0.78	0.75
	200	1	0.92	0.87	0.84	0.82	0.81
	300	1	0.93	0.90	0.87	0.86	0.85

注　本表不适用于三相交流系统单芯电缆。

（2）按经济电流密度选择。

一般应按经济电流密度选择电缆截面，其计算公式为

$$S = \frac{I_g}{J}$$

式中：S 为电缆截面，mm^2；I_g 为计算电缆线路工作电流，A；J 为电缆线路的经济电流密度，如表 2-6 所示，A/mm^2。

表 2-6　　　　　　　电力电缆的经济电流密度

年最大负荷利用小时数/h	铜芯电缆经济电流密度/（A/mm²）
1000～3000	2.5
3000～5000	2.25
5000 以上	2

注　铝芯电缆的经济电流密度按铜芯电缆的 77% 计算。

4. 导线截面计算

由于光伏发电场地较大，输电电流较大，线路较长，因此在电缆设计时不仅要考虑电缆的安全承载电流，还要根据电缆长度计算电缆压降导致的线路损耗。同时尽量缩短线路长度，以免线路损耗过大。很多电站由于线路过长或电缆选择不合理导致损耗大于 5%，严重影响了发电量。要选择足够截面积的导线，导线电阻计算公式如下：

$$R = \frac{\rho L}{S}$$

式中：ρ 为电阻率，$\Omega \cdot mm^2/m$，银的电阻率为 1.65×10^{-8}，铜的电阻率为 1.75×10^{-8}，铝的电阻率为 2.83×10^{-9}；S 为横截面积，mm^2；R 为电阻值，Ω；L 为导线的长度，m。

（三）断路器

并网点断路器是否符合安全要求、设备在电网停电（电网异常或故障）时是否可靠断开以保证人身安全是至关需要的。并网点断路器的选择应遵循以下原则：

（1）电网公共连接点和光伏系统并网点在光伏发电系统接入前后的短路电流，为电网相关厂站及光伏系统的开关设备选择提供依据。在无法确定光伏逆变器短路特征参数情况下，考虑一定裕度，光伏发电提供的短路电流按照 1.5 倍额定电流计算。

（2）380/220V 分布式电源并网点应安装易操作、具有明显开断指示、具备开断故障电流能力的断路器。断路器可选用塑壳式或万能断路器，根据短路电流水平选择设备开断

能力，并应留有一定裕度，应具备电源端与负荷端反接能力。开关应具备失电压跳闸及低电压闭锁合闸功能，失电压跳闸定值宜整定为 $20\%U_N$、10s，检有压定值宜整定为大于 $85\%U_N$。

（3）10kV 分布式电源并网点应安装易操作、可闭锁、具有明显开断点、具备接地条件、可开断故障电流的开断设备。

（4）当分布式电源并网公共连接点为负荷开关时，宜改造为断路器，并根据短路电流水平选择设备开断能力，留有一定裕度。

（四）无功补偿装置

通过 380V 电压等级并网的光伏发电系统应保证并网点处功率因数在超前 0.98 至滞后 0.98 之间，通过 10kV 电压等级并网的发电系统功率因数应实现超前 0.95 至滞后 0.95 之间连续可调。发电系统配置的无功补偿装置类型、容量及安装位置应结合发电系统实际接入情况确定，应优先利用逆变器的无功调节能力，必要时也可安装动态无功补偿装置。

发电系统的无功功率和电压调节能力应满足相关标准的要求，选择合理的无功补偿措施；发电系统无功补偿容量的计算，应充分考虑逆变器功率因数、汇集线路、变压器和送出线路的无功损失等因素。

二、光伏组件选型

（一）总体要求

1. 选型原则

光伏组件选型应遵循性能可靠、技术先进、环境适配、经济合理、产品合规等基本原则。

（1）性能可靠性和技术先进性。针对电站生命周期内对组件安全和发电性能的要求，组件及其材料和部件的可靠性、耐久性、一致性应通过严格的测试、认证和实证，组件生产企业对组件及其材料和部件的采购及生产过程应具备质量管控能力。

在保证可靠性的前提下，组件及其材料的性能和稳定性、生产技术及对组件性能与质量的保证能力应达到国内先进水平。

（2）环境适配性与经济合理性。针对当地的地理、太阳能资源和气象条件，组件及其材料和部件的类型、结构、性能的选择，需根据不同地区的环境条件，补充和完善环境适配性方面的特殊要求；另外，应综合考虑项目的投入和产出。

所规定的技术要求要做到技术上可行、环境上适配、经济上合理。除通用的性能要求外，针对当地的条件，选用的组件应通过特定项目的测试、认证或验证。

（3）产品合规性。组件及其材料和部件，以及产品的生产企业应满足标准和法规要求、行业的准入条件、产业政策。

2. 组件质量

（1）功率保证。组件使用寿命不应低于 25 年，组件企业宜提供 25 年期的质保书及"产品质量及功率补偿责任保险"。质保书中标准测试条件下的最大输出功率可采用阶梯或线性质保。阶梯质保应包括质保起始日后的第 1 年、第 2 年、第 5 年、第 10 年、第 25 年的功率保证值，线性质保应包括质保起始日后第 1 年及其后每年的平均衰减率。

无论采用何种质保形式，标准测试条件下的最大输出功率正偏差时，以标称功率为比较基准，参照《计数抽样检验程序 第 1 部分：按接收质量限（AQL）检索的逐批检验抽样计划》（GB/T 2828.1—2012）中一般 I 类检验水平进行抽样测试，剔除有明显缺陷的组件，质保起始日（注：宜为组件安装之日）后各时间段的功率衰减不宜超过表 2-7 规定的正常水平（注：最大输出功率参考正偏差为 0～+3%）。

表 2-7 组件功率平均衰减率正常值

组件	1 年	3 年	5 年	10 年	25 年
单晶硅组件	2.00%	3.78%	5.56%	10%	20%
多晶硅组件	2.00%	3.78%	5.56%	10%	20%
双玻组件	第 30 年不超过 20%				

注 1. 功率衰减率的比较基准为出厂标称功率，计算公式：（标称功率−实测功率）/标称功率。
　　2. 表中给出的衰减率为无明显缺陷组件的平均衰减率。一个测试单元，不同组件的功率偏差不应超过平均功率的 5%（剔除缺陷组件）。
　　3. 1～25 年各年功率衰减情况参考附录 A。

（2）性能可靠性。组件及其材料的性能应满足《地面用晶体硅光伏组件设计鉴定和定型》（IEC 61215：2005）、《光电（PV）模件安全合格鉴定》（IEC 61730：2004）的要求。组件安装使用后，应根据相关要求，开展组件年度抽检工作。每个项目每种型号组件的安装板抽选建议数量一般为 20 块，首批备品抽选数量为 3 块。

注意： 正常使用条件下，组件材料或工艺导致的典型使用缺陷包括贯穿性裂纹、裂片、电池表面爬痕、黑片、黑边、明暗片、脱（虚）焊、旁路二极管导通、接线盒烧损、EVA 发黄或脱层、背板变黄或起皱、边框变形或锈蚀。

3. 检测与认证

晶体硅光伏组件应依据 IEC 61215、IEC 61730 标准和重测导则，通过中国国家认证认可监督管理委员会（Certification and Accreditation Administration of the People's Republic of China，CNCA）批准或备案的认证机构的认证。特定性能应依据 IEC 标准、重测导则或经 CNCA 备案的测试标准及技术规范，通过经中国合格评定国家认可委员会（China National Accreditation Service for Conformity Assessment，CNAS）认可的检测认证机构的检测或认证。

（二）组件的主要技术参数

1. 组件类型

晶体硅光伏组件根据电池片类型可分为单晶硅组件和多晶硅组件，根据组件封装形式可分为常规组件和双玻组件。

2. 主要技术参数

晶体硅光伏组件基本技术参数包括外形尺寸、发电性能参数和机械性能参数，常规组件的主要技术参数示例如表 2-8 所示。

表 2-8　　　　　　　　　　　　晶体硅光伏组件主要技术参数示例

类别	技术参数	多晶硅组件示例			单晶硅组件示例		
外形尺寸	组件外形尺寸						
发电性能参数	最大输出功率 P_m/W_p	255	260	…	265	270	…
	功率误差/%	0/+3					
	最大工作电压 U_{mp}^*/V	30.0～30.8	30.3～31.1	…	30.1～31.2	30.5～31.4	…
	最大工作电流 I_{mp}^*/A	8.28～8.59	8.37～8.50	…	8.50～8.79	8.60～8.85	…
	开路电压 U_{oc}^*/V	37.7～38.1	37.7～38.2	…	38.2～38.5	38.4～38.6	…
	短路电流 I_{sc}^*/A	8.88～9.01	8.98～9.09	…	9.00～9.37	9.09～9.43	…
	转换效率 η^*/%	15.58～5.60	15.89～5.90	…	16.19～6.21	16.50～6.51	…
	最大系统电压/V	1000					
	工作温度范围/℃	−40～85					
	最大功率温度系数 T_k^*/（%/℃）	−0.43～0.40			−0.42～0.40		
	开路电压温度系数 T_k^*/（%/℃）	−0.33～0.30			−0.34～0.29		
	短路电流温度系数 T_k^*（%/℃）	0.05～0.06			0.04～0.05		
	最大熔丝额定电流/A	15					
机械性能参数	组件尺寸/mm×mm×mm）	1650×990×40					
	组件质量*/kg	18.2～19.0					
	抗风强度/（kN/m²）	2.4					
	电缆规格/mm²	4/1000					

注　表中注*项目为参考指标。

（三）组件基本技术要求

1. 外观及内部质量要求

（1）外观要求。

组件企业须在包装前对组件产品进行 100%外观检查。要求在不低于 1000lx 等效照度下进行目测检查。如需测量长度、面积等，使用满足测量精度要求的长度测量器具进行测量。组件的外观要求如表 2-9 所示。

表 2-9　　　　　　　　　　　　　　　　　外　观　要　求

项目	缺陷类型	要　　求
组件	色差	组件整体颜色均匀一致，同一电池片内及同一组件中的不同电池片间不可出现明显色差，其中单晶硅电池片只能存在一种颜色，多晶硅电池片只能允许存在两种颜色（不包括过渡色）
	气泡	在电池区域以外允许直径≤1mm 的层压气泡≤4 个，且气泡不得使组件边缘与带电体之间形成连通
	异物	在电池区域以外允许面积≤2mm²，且长度≤5mm 的锡丝锡渣数量≤2 个；不允许组件材料外的任何异物。
玻璃	外观缺陷	玻璃表面应整洁、平直，无明显划痕、压痕、皱纹、彩虹、裂纹、不可擦除污物、开口气泡等缺陷，玻璃内部不允许固体夹杂物；对镀膜玻璃，45°斜视玻璃表面，无七彩光，无压花印；双玻组件前后玻璃错位不超过 2mm
	划痕	长度≤5mm、宽度≤0.1mm 的划痕数量≤3 条/m²，同一组件允许数量≤5 条
	圆形气泡	不允许有直径＞2mm 的圆形气泡，0.5mm≤长度≤1.0mm 的圆形气泡不超过 5 个/m²，1.0mm≤长度≤2.0mm 的圆形气泡不超过 1 个/m²
	长形气泡	0.5mm≤长度≤1.5mm 的长形气泡数量不超过 5 个/m²，1.5mm≤长度≤3.0mm 且宽度≤0.5mm 的长形气泡不超过 2 个/m²
电池片	外观	电池片表面颜色均匀，无裂纹、破碎、针孔，无明显色斑、虚印、漏浆、手印、水印，油印、脏污等
	尺寸	所有电池片尺寸一致，误差范围在 0.1%以内
	崩边与缺角	不允许 V 形崩边、缺角，且崩边、缺角不能到达栅线；U 形崩边长度≤3mm、宽度≤0.5mm、深度≤1/2 电池片厚度，单片电池片内数量≤1 处，同一组件内崩边电池片内数量≤2 个；U 形缺角长度≤5mm、深度≤1.5mm，单片电池片内数量≤1 处、长度≤3mm、深度≤1mm，单片电池片内数量≤2 个
	划痕	划痕长度≤10mm，单片电池片划痕数量≤1 条，同一组件内崩边电池片数量≤2 个
	栅线	栅线颜色一致，无氧化、黄变，不允许主栅缺失，断栅长度≤1mm，单片电池片断栅数量≤3 条，同一组件断栅电池片≤2 个，不允许连续性断栅
	助焊剂印	助焊剂印≤10mm²，单片电池片助焊剂印数量≤2 处，同一组件有助焊剂印电池片≤5 处
焊带	外观	焊带银亮色，且颜色一致，无氧化、黑点、黄变；
	尺寸	互连条与汇流带连接处，互连条/汇流带超出距离＜2mm；相邻单体电池间、汇流带与电池间、相邻汇流带间间距＞1mm；互连条与汇流带的焊接浸润良好，焊接可靠
	偏移	焊带偏移量≤0.3mm，数量＜3 处，主栅线与焊带之间脱焊长度＜5mm；电池片、串间距偏移量≤0.5mm，
边框	外观	表面整洁平整、无破损，无色差，无明显脏污、硅胶残留等；无线状伤、擦伤、碰伤（含角部）、机械纹、弧坑、麻点、起皮、腐蚀、气泡、水印、油印及脏污等现象，边缘无毛刺，不允许有直径大于 1mm 的金属碎屑

项目	缺陷类型	要　　求
边框	尺寸	具备完整的接线孔和安装孔，长度、位置正确；边框安装尺寸对角线不超过公差要求±2mm，边框安装未对齐不超过 1mm
	划痕	（1）正面划痕： 不允许有长度超过 15mm 或深度超过 0.5mm 的划痕； 长度＜5mm、深度＜0.5mm 的划痕，每平方米允许 2 个； 长度＜10mm、深度＜0.5mm 的划痕，每平方米允许 1 个； （2）背面划痕： 不允许长度超过 15mm 或深度超过 0.5mm 的划痕 长度＜10mm、深度＜0.5mm 的划痕，每平方米允许 2 个； 长度＜15mm、深度＜0.5mm 的划痕，每平方米允许 1 个； （3）同一组件允许有 5 处正面划痕、10 处背面划痕，不允许有长度超过 15mm 或深度超过 0.5mm 的划痕
背板	外观	颜色均匀，不允许有明显划痕、碰伤、鼓包，不允许有背板孔洞、撕裂，电池片外露等缺陷
	凹坑/凸起	深度≤0.5mm、最大跨度≤15mm 的凸起/凹坑数量≤2 个/m²；
	褶皱	长背板褶皱深度≤1mm，长度＜10mm 的背板褶皱不超过 5 个，长度＜20mm 的褶皱不超过 2 个，不允许有长度＞20mm 的褶皱
	划痕	不允许有长于 20mm 的明显刮痕
	沾污	背表面沾污直径≤5mm、宽度≤1mm、长度≤50mm，不超过 2 处/m²
硅胶	外观	表面均匀一致、平整光滑无裂缝，无气泡和可视间隙，颜色没有明显黄变或异常，不允许断胶
	溢胶	组件背面四周可见硅胶溢出，拐角密封处必须要有硅胶溢出，接线盒硅胶均匀溢出且与背板无可视缝隙
胶带	外观	粘合牢固，光滑无凸翘，拐角密封处必须要有胶带密封，胶带不超出正面铝边框边缘，胶带超出背面铝边框边缘≤2.0mm，不允许断胶
接线盒	外观	外观平整光滑、色泽均匀，无缺损，无机械损伤，无裂痕斑点，无收缩痕，无扭曲变形，浇口平整无飞边，无明显脏污、硅胶，字体和图标清晰、准确、完整，端子正负极性标识正确清楚；接线盒与电缆连接可靠，上下盖连接可靠，密封圈粘接可靠，无脱落卡扣，连接上下壳体的扎扣完好牢靠；接线盒底座硅胶与背板粘结牢固，无起翘现象，无可视缝隙；汇流带从背板引出美观无扭曲、长度适中，相邻两根汇流带不得相互接触；引出线根部应该用硅胶均匀地完全密封
连接器	外观	二极管正负极性正确，连接器有明显的极性标识；连接公母头接触良好，有良好的自锁性，用手拉动无松脱现象
标识	条形码	条形码清晰正确，不遮挡电池，可进行条码扫描；
	铭牌	铭牌标签清晰正确、耐久，包含制造商名称、代号或品牌标志，组件类型或型号，组件的生产序列号，组件适用的最大系统电压、开路电压、短路电流、IEC61730-2 中 MST26 验证的最大过流保护值、产品应用等级等
包装	外观	包装箱无破损、潮湿、变形，打包带无断裂，托盘无发霉、开裂、破损，包装箱无移位，平均放在托盘内；包装箱外标签与箱内实物一一对应；包装箱内组件具有完好的防止磕碰的保护措施

（2）EL 测试结果判定准则。

组件企业须在层压工序前后分别使用电致发光（EL）测试仪对所有组件进行测试，并在包装前不低于 GB/T 2828.1 中 S-1 抽样比例进行 EL 抽检。要求 CCD 红外相机像素不低于 600 万，CMOS 红外相机像素不低于 1000 万。常见 EL 检测缺陷分类参考附录 B，其具体判定准则如表 2-10 所示。

表 2-10　　　　　　　　　　　　EL 测试结果判定准则

项目	要　　　求
组件	组件在线 EL 测试后电池片外观、发光性均良好，不允许有裂片/碎片、黑心片、局部短路或短路情况存在
隐裂	不允许隐裂或裂纹
断栅	不允许 3 条以上的连续性断栅，不允许贯穿主栅线与电池片边缘的断栅，同一电池不允许超过 2 处断栅。组件内允许电池片内断栅导致失效面积≤2% 的电池片数量≤5 片，组件内允许电池片内断栅导致失效面积≤3% 的电池片数量≤3 片
明暗片	不允许不同挡位电池片混用，不允许灰度值相差 50% 以上的明暗片；组件内允许出现明暗片数量不超过 3 片
黑斑	组件允许电池片内黑斑面积≤1/12 的电池片数量≤5 片，组件允许电池片内黑斑面积≤1/9 的电池片数量≤3 片，组件允许电池片内黑斑面积≤1/6 的电池片数量≤1 片
其他	同一片电池片不允许超过 2 个黑角，组件允许电池片内黑角面积≤5% 的电池片数量≤3 片；同一片电池片不允许超过 2 个黑边，组件内允许电池片内黑边面积≤5% 的电池片数量≤5 片

2．电气性能

组件主要性能参数在标准测试条件下（大气质量 AM1.5、1000W/m^2 的辐照度、25℃ 的电池工作温度）要求满足相关标准和法规要求、行业的准入条件、产业政策。

组件具备较好的低辐照性能，应提供 200～1000W/m^2 的组件 I-U 测试曲线和测试数据。

同一规格同一功率组件成品应按照电流分挡，分挡精度不低于 0.1A，并在组件及其外包装做好相应标识。

3．安全性能

（1）绝缘耐压要求。组件的绝缘强度应满足标准 IEC 61215 中的相关要求。组件应具备良好的抗潮湿能力，组件在雨、雾、露水等户外条件下能正常工作，满足绝缘性能相关标准要求。湿漏电流试验需满足 IEC 61215 标准相关规定，以适应现场环境要求。

（2）其他要求。本书中未明确规定的晶体硅光伏组件的性能和安全指标及其他相关测试试验，组件同样需满足 IEC 61215 和 IEC 61730，以及其他相关标准的要求。

（四）环境适配性要求

当组件应用于某一特定环境条件，现场应用环境还具有湿热环境、干热环境、高海拔环境、极高海拔环境、沿海区域、农场附近区域、沙漠区域、大风及强降雪区域等环境特点时，组件应根据相关标准开展以下一项或几项的测试或认证，具体参考附录 C。

三、光伏逆变器选型

光伏逆变器是光伏发电系统两大主要部件之一，光伏逆变器的核心任务是跟踪光伏阵列的最大输出功率，并将其能量以最小的变换损耗、最佳的电能质量馈入电网。由于逆变器串联在光伏方阵和电网之间，因此逆变器的选择将成为光伏电站能否长期可靠运行并实现预期回报的关键，"因地制宜，科学设计"，即根据光伏电站装机规模、所处环境和电网接入要求，合理选择逆变器类型。

（一）光伏逆变器的配置选型

光伏逆变器根据其功率等级、内部电路结构及应用场合不同，一般可分为集中型逆变器、组串型逆变器和微型逆变器三种类型，其对比如表 2-11 所示。

表 2-11   三种类型逆变器情况对比

光伏逆变器类型	单机功率/kW	每路 MPPT 功率/kW	成本	选用情况
集中型逆变器	500～2500	125～1000	低	全球 5MW$_p$ 以上容量的电站中的选用率为 98%
组串型逆变器	3～60	6～15（三相）、2～4（单相）	高	全球 1MW$_p$ 以上容量的电站中的选用率超过 50%
微型逆变器	1 以下	0.25～1	很高	主要在北美地区 10kW$_p$ 以下的家庭光伏电站使用

几种逆变器的典型应用如图 2-4 所示。光伏组件通过串联形成组串，多个组串之间并联形成方阵，集中型逆变器将一个方阵的所有组串直流侧接入一台或两台逆变器，MPPT 数量相对较少；组串型逆变器将一路或几路组串接入一台逆变器，一个方阵中有多路 MPPT；微型逆变器则对每块电池板进行 MPPT 跟踪。当各组件由于阴影遮挡或朝向不一致时，则会出现串联和并联失配。组串型逆变器多路 MPPT 可以解决组串之间并联失配问题；微型逆变器既可以解决组串之间的并联失配，也可以解决组件之间的串联失配。因此，从技术方面看，几种逆变器的本质区别在于对组件失配问题的处理。以逆变器为核心的设计选型，需要在光伏系统生命周期内寻找总发电量和总成本的平衡点，还要考虑电网接入，如故障穿越能力、电能质量、电网适应性等方面的要求。依据各种逆变器的特点，结合所应用的光伏电站实际情况，从电网友好、高投资回报、方便建设维护等方面进行科学合理的选用。

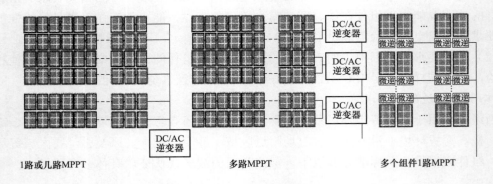

1路或几路MPPT   多路MPPT   多个组件1路MPPT

图 2-4 几种逆变器的典型应用

光伏逆变器是太阳能光伏发电系统的主要部件和重要组成部分，为了保证太阳能光伏发电系统的正常运行，对光伏逆变器的正确配置选型显得尤为重要。光伏逆变器的配置除了要根据整个光伏发电系统的各项技术指标并参考生产厂家提供的产品样本手册来确定，一般还要重点考虑下列几项技术指标。

1. 额定输出功率

额定输出功率表示光伏逆变器向负载供电的能力。额定输出功率高的光伏逆变器可以带更多的用电负载。选用光伏逆变器时，应首先考虑具有足够的额定功率，以满足最大负荷下设备对电功率的要求，以及系统的扩容及一些临时负载的接入。当用电设备以纯电阻性负载为主或功率因数大于 0.9 时，一般选取光伏逆变器的额定输出功率比用电设备总功率大 10%～15%。

2. 输出电压的调整性能

输出电压的调整性能表示光伏逆变器输出电压的稳压能力。一般光伏逆变器产品都给出了当直流输入电压在允许波动范围变动时，该光伏逆变器输出电压的波动偏差的百分率，通常称为电压调整率；高性能的光伏逆变器应同时给出当负载由 0 向 100%变化时，该光伏逆变器输出电压的偏差百分率，通常称为负载调整率。性能优良的光伏逆变器的电压调整率应≤±3%，负载调整率应≤±6%。

3. 整机效率

整机效率表示光伏逆变器自身功率损耗的大小。容量较大的光伏逆变器还要给出满负荷工作和低负荷工作下的效率值。一般千瓦级以下的逆变器的效率应为 80%～85%，10kW 级的效率应为 85%～90%，更大功率的效率必须在 90%～95%以上。逆变器效率对光伏发电系统提高有效发电量和降低发电成本有重要影响，因此选用光伏逆变器时要尽量进行比较，选择整机效率较高的产品。

4. 启动性能

光伏逆变器应保证在额定负载下可靠启动。高性能的光伏逆变器可以做到连续多次满负荷启动而不损坏功率开关器件及其他电路；小型逆变器为了自身安全，有时采用软启动或限流启动措施或电路。

以上几条是作为光伏逆变器设计和选购的主要依据，也是评价光伏逆变器技术性能的重要指标。

（二）不同电站的光伏逆变器选型指南

1. 荒漠电站逆变器选型

荒漠电站是利用广阔平坦的荒漠地面资源开发的光伏电站。该类型电站规模大，一般大于 5MWp；电站逆变输出经过升压后直接馈入高压输电网；所处环境地势平坦，光伏组件朝向一致，无遮挡。该类电站是我国光伏电站的主力，主要集中在西部地区。

集中型逆变器在荒漠电站中优势明显，初始投资更低，因此集中型逆变器是荒漠电站的首选。

（1）发电量与组串型持平。当荒漠电站中集中型逆变器和组串型逆变器发电量基本持平时，综合集中型逆变器在最高效率和过载能力等方面的优势，集中型逆变器发电量略高于组串型逆变器。少数电站出现的早晚前后排的遮挡，使用组串型逆变器无法克服，需要通过优化组件布局进行规避。

（2）运维更方便经济。通过对比集中型逆变器和组串型逆变器主流机型方案的运维数据，发电量损失二者相当。由于组串型逆变器设备是整机维护，而集中型逆变器设备是器件维护，因此在设备维护成本上集中型逆变器优势非常明显。同时，在占地几千亩的百兆瓦级大规模电站中，对完全分散布置的组串型逆变器进行更换，维护人员花在路途上的时间将远高于进行设备更换的时间，这也是组串型逆变器的大型电站应用不利因素之一。

（3）集中型方案更加符合电网接入要求。高压输电网对并网的光伏发电在调度响应、故障穿越、限发、超发、平滑、谐波限制功率变化率、紧急启停等方面都有严格要求。故障穿越是指电网出现短路、浪涌、缺相情况下，逆变器必须能够在 625ms 到几秒的时间内依然输出一定容量的有功功率和无功功率，确保电力系统继电保护能够正常动作。由于集中型逆变器在电站中台数少，单机功能强大，通信控制简单，因此故障期间能够穿越故障的概率远大于组串型逆变器。

2. 山丘电站逆变器选型

山丘电站是利用山地、丘陵等资源开发的光伏电站。该类电站规模大小不一，发电以并入高压输电网为主；受地形影响，多有组件朝向不一致或早晚遮挡问题。这类电站主要应用于山区、矿山及大量不能种植的荒地。

山丘电站可以看作地势并不平坦的荒漠电站，也以馈入输电网为主，规模多为 $5MW_p$ 以上。在山丘电站项目中，通常一个坐标系下规划 $100kW_p$ 左右容量组件（如 $125kW_p$ 的组件铺设成同一朝向），达到发电量和投资维护成本的最优比例。针对此应用的多 MPPT 模组模式的集中型逆变器，每路 MPPT 跟踪 100 多千瓦组件，将同一朝向组件的设计占地面积单位缩小到约 $1000m^2$，大大提升了施工便利性，并有效解决了朝向和遮挡问题，同时共交流母线输出，具备集中型逆变器电网友好性特点，是山丘电站的首选方案。

如果所选的山丘电站地形非常复杂，实现 100 多千瓦组件同一朝向铺设施工难度很大，可以考虑组串型逆变器作为补充。

因此，山丘电站多以 MPPT 集中型方案为主，也可考虑组串型方案。

3. 屋顶电站逆变器选型

屋顶电站是利用厂房、公共建筑、住宅等屋顶资源开发的光伏电站。该类型电站规模受有效屋顶面积限制，装机规模一般在几千瓦到几十兆瓦；电站发电鼓励就地消纳，直接馈入低压配电网或 35kV 及以下电网；组件朝向、倾角及阴影遮挡情况多样化。该类电站是当前分布式光伏应用的主要形式，主要集中在我国中东部和南方地区。

屋顶电站推荐组串型逆变器，也可选用集中型逆变器。

屋顶电站的设计相对较为复杂，受屋顶大小、布局、材质承重及阴影遮挡等影响，需要通过组件铺设和逆变器选型规划来实现收益最大化。同时，组件安装在屋顶，需要考虑火灾防范等安全问题。接入配电网，直接靠近用户负荷，需要考虑用户用电安全性、电能质量符合要求，以及与原有配电之间的继电保护协调等。接入用户配电网后，对用户的功率因数影响十分明显，逆变器除了输出有功功率外，还需要快速地根据光伏系统实时发电情况、用户实时负荷数据及用户配电室原有的 SVC（Static Var Compensator，静止无功补偿器）、SVG（Static Var Generator，静止无功发生器）投入情况综合计算以确定逆变器的实时无功功率输出容量。因此，屋顶光伏系统方案的选用需要在安全、电网友好、投资回报、运维等多个因素中寻求平衡点。

屋顶结构复杂，为了简化设计，推荐使用组串型逆变器，并且根据实际屋顶和并网点的位置及并网点电压等级选择逆变器。组串型逆变器需要具备拉弧监测和关断能力，以有效防止火灾的发生，具备 PID 消除功能，具备高精度漏电流保护功能和孤岛保护功能等。

大型厂房，考虑到屋顶承重和维护便利性，可选用集中型逆变器。工业厂房屋顶平坦，规模大，阴影遮挡少，朝向简单，多为 10kV 中压配电网并网。考虑到大多厂房为彩钢屋顶，承重有限，无法安装组串型逆变器，以及日常维护便利、不影响正常生产运行等实际情况，可选用集中型逆变器。

总之，逆变器作为组件和电网之间的桥梁，是光伏系统的核心部件。根据电站规模及不同的应用场合，选择合适的逆变器，对系统成本和发电量都大有益处。在规模大、地势平坦的荒漠、滩涂，适合选用集中型逆变器；在规模较大、地势起伏的山丘电站，适合选用多 MPPT 的集中型逆变器；在规模相对较小、布局多样化的屋顶电站，适合选用组串型逆变器。因地制宜，科学选择光伏电站逆变器，可以确保光伏电站在投资决策阶段少走弯路，在后期运行维护阶段更加可靠高效运行。

四、汇流箱选型

对于大型并网发电系统，为了减少光伏组件与逆变器之间的连接线，方便维护，提高可靠性，一般需要在光伏组件与逆变器之间装设汇流箱（直流汇流装置），将多路组件串汇并成一路。光伏电站选用光伏阵列防雷汇流箱，其中检测模块可以对每路电流进行检测，监控光伏组件组串，对防雷模块等状态接点进行故障报警。汇流箱的技术要求如下：

（1）防护等级 IP65，满足室外安装要求。

（2）可同时接入 16 路电池串列，每路电池串列的允许最大电流 10A。

（3）每路接入电池串列的开路电压值可达 900V。

（4）每路电池串列的正负极都配有光伏专用的中压直流熔丝，其耐压值为 DC1000V。

（5）直流输出母线的正极对地、负极对地、正负极之间配有光伏专用中压防雷器。

（6）直流输出母线端配有可分断的直流断路器。

（7）采用智能汇流箱。

（8）根据工程的实际情况，汇流箱的外壳要采用抗腐蚀的材料及相应的防腐措施。

第三节 安 全 与 保 护

分布式光伏接入系统运行，需对并网运行分布式光伏系统配置相关的继电保护装置和故障解列等安全自动装置。当分布式光伏线路本身或分布式光伏所接入电压等级系统发生故障时，配置防孤岛保护应能可靠动作，及时切除故障点，保证动作时间应与电网侧重合闸及备用电源自动投切装置的时间配合，保障供电质量，减少电网设备的损坏及检修人员的人身危险。

一、一般要求

分布式电源的继电保护及安全自动装置配置应满足可靠性、选择性、灵敏性和速动性的要求，其技术条件应符合现行国家标准《继电保护和安全自动装置技术规程》（GB/T 14285—2006）、《3kV～110kV 电网继电保护装置运行整定规程》（DL/T 584—2017）和《低压配电设计规范》（GB 50054—2011）的要求。

二、安全自动装置

（一）220/380V 接入

220/380V 分布式光伏并网不独立配置安全自动装置，但并网点断路器应具备失电压跳闸及低电压闭锁合闸功能，失电压跳闸定值宜整定为 $20\%U_N$、10s，检有压定值宜整定为大于 $85\%U_N$。接入公共电网的光伏电源在并网点处电网电压异常时，光伏逆变器的响应要求如表 2-12 和表 2-13 所示。

表 2-12　　　　　　　光伏逆变器在电网电压异常时的响应要求（三相 380V）

并网点电压/V	最大分闸时间/s	并网点电压/V	最大分闸时间/s
$U<190$	0.2	$418<U<513$	2.0
$190\leqslant U<323$	2.0	$513\leqslant U$	0.2
$323\leqslant U\leqslant418$	连续运行		

注　最大分闸时间是指异常状态发生到逆变器停止向电网送到的时间。

表 2-13　　　　家庭屋顶光伏逆变器在电网电压异常时的响应要求（单相 220V）

并网点电压/V	最大分闸时间/s
$U<187$	0.1
$187\leqslant U\leqslant242$	连续运行
$242<U$	0.1

注　最大分闸时间是指异常状态发生到逆变器停止向电网送到的时间。

接入公共电网的家庭屋顶光伏电源并网点处频率异常时，逆变器的响应要求如表 2-14 所示。

表 2-14　　　　　　家庭屋顶光伏在电网频率异常时的响应要求

频率范围	运 行 要 求
低于 49.5Hz	在 0.2s 内停止向电网送电，且不允许停运状态下的光伏并网
49.5～50.2Hz	连续运行
高于 50.2Hz	在 0.2s 内停止向电网送电，且不允许停运状态下的光伏并网

（二）10kV 接入

光伏并网发电系统会对配电网和高压输电网的电压质量与频率质量及其控制造成一定的影响。光伏电站侧需配置安全自动装置，装置一般具备低压解列、低频解列、过频解列、零序过电压解列和 TV 断线闭锁等基本功能，实现频率电压异常紧急控制功能，跳开光伏电站侧断路器。

光伏电站在电网电压异常时必须做出响应，一般并网点电压在 $0.85U_N\leqslant U\leqslant1.1U_N$ 时，可连续运行。当并网点电压在该区间之外时，则必须按照表 2-15 做出响应。

表 2-15   光伏电站在电网电压异常时的响应要求

并网点电压	最大分闸时间	并网点电压	最大分闸时间
$U < 0.5U_N$	0.1s	$1.1U_N < U < 1.35U_N$	2.0s
$0.5U_N \leqslant U < 0.8U_N$	2.0s	$1.35U_N \leqslant U$	0.05s
$0.85U_N \leqslant U \leqslant 1.1U_N$	连续运行		

注 1. U_N 为光伏电站并网点的电网标称电压。
    2. 最大分闸时间是指异常状态发生到逆变器停止向电网送到的时间。

随着光伏发电系统在电网中比例逐步加大，其发电有一定的随机性，会使系统的频率时常波动，这就需要系统中具备足够量的调峰电源及增加调频能力快的机组比例，如汽轮机、抽水蓄能电站等。光伏应具备一定的耐受系统频率异常的能力，应能在表 2-16 所示电网频率偏离下运行。

表 2-16   光伏电站在电网频率异常时的响应要求

频率范围	运 行 要 求
低于 48Hz	根据光伏电站逆变器允许运行的最低频率或电网要求而定
48~49.5Hz	每次低于 49.5Hz 时，要求至少运行 10min
49.5~50.2Hz	连续运行
50.2~50.5Hz	每次高于 50.2Hz 时，光伏电站应具备能连续运行 2min 的能力，同时具备 0.2s 内停止向电网送电的能力，实际运行时间由电力调度部门决定；此时不允许停运状态下的光伏电站并网
高于 50.5Hz	在 0.2s 内停止向电网送电，且不允许停运状态下的光伏电站并网

三、线路保护

380V 接入用户电网部分要求并网点断路器应具备短路瞬时、长延时保护功能和分励脱扣、欠电压脱扣功能，线路发生各种类型短路故障时，线路保护能快速动作，瞬时跳开断路器，满足全线故障时快速切除故障的要求。

10kV 接入电网，要求 10kV 并网线路在光伏电站侧配置电流速断保护作为主保护，保护瞬时跳开线路各侧断路器。分布式电源接入 10kV 电压等级系统保护参考以下原则配置。

（一）送出线路继电保护配置

采用专用线路接入用户变电站或开关站母线等时，宜配置（方向）过电流保护；接入配电网的分布式电源容量较大且可能导致电流保护不满足保护"四性"要求时，可配置距离保护；当上述两种保护无法整定或配合困难时，可增配纵联电流差动保护。

（二）系统侧相关保护校验及改造完善

（1）分布式电源接入配电网后，应对分布式电源送出线路相邻线路现有保护进行校验，当不满足要求时，应调整保护配置。

（2）分布式电源接入配电网后，应校验相邻线路的开关和电流互感器是否满足要求

（最大短路电流）。

（3）分布式电源接入配电网后，必要时按双侧电源线路完善保护配置。

四、母线保护

380V 接入用户电网部分，380V 母线不配置母线保护。

10kV 母线经出线柜送出并入公网，由于并网线路配置线路过电流保护，光伏电站侧不配置 10kV 母线保护，仅由光伏变电站侧线路保护切除故障。如有特殊要求时，如后备保护时限不能满足要求，也可设置独立的母线保护装置。需对变电站或开关站侧的母线保护进行校验，若不能满足要求时，则变电站或开关站侧需要配置专用母线保护。

五、防孤岛保护与反孤岛保护

（一）孤岛效应

当光伏发电系统正常工作时，逆变器将发出的电能输送到电网。在电网因故障断电时，如果系统不能及时地检测到电网状态而继续向电网输送电能，则此时光伏系统构成一个独立供电系统，此现象称为孤岛效应。孤岛效应包括以下三种情况：

（1）大电网发电系统停止运行导致整个电网停电，但是光伏并网系统仍通过开关连接在大电网上，继续向电网供电并超出某一时间段（如 2s）。

（2）大电网或配电网某处线路断开或开关跳闸，造成光伏并网系统与所连接负载（可能包括配电网上的部分负载）形成独立供电系统，并可能进入稳定运行状态。

（3）光伏并网系统开关自主或意外断开，但并网发电系统与本地负载仍孤岛运行。

（二）孤岛效应对电网和用户设备的影响

孤岛效应会对整个电网设备和用户设备造成影响，甚至损坏设备，主要有以下几种情况：

（1）孤岛效应发生时，无法对逆变器输出的电压、频率进行调节，一旦出现过电压、欠电压或者是过频、欠频时，易损坏用户设备。

（2）如果光伏发电系统并网同时接有负载，且负载容量大于光伏系统容量时，一旦孤岛效应发生，就会产生光伏电源过载现象。

（3）对电网检修人员的人身安全造成威胁。

（4）孤岛效应发生时，若二次合闸会导致再次跳闸，损害光伏发电设备和逆变器。

（5）孤岛内部的保护装置无法协调。

（6）电网供电恢复后会造成相位不同步。

（7）孤岛电网与主网非同步重合闸造成操作过电压。

（8）单相分布式发电系统会造成系统两相负载缺相供电。

因此，为防止孤岛效应带来的危害，逆变器必须具有在规定时间内脱离电网，以避免孤岛效应出现的防孤岛保护能力。此外，并网逆变器具有的其他基本保护功能有：输入过电压、欠电压保护，输入过电流保护，短路保护，过热保护，防雷击保护，输出过电压保护，输出过电流保护，过频、欠电压保护等。

（三）防孤岛保护

孤岛可分为计划性孤岛和非计划性孤岛，这里孤岛保护主要指的是防止非计划孤岛现象的发生。

根据适用范围的不同，把孤岛保护区分为防孤岛保护和反孤岛保护。装设于 10kV 并网柜的称为防孤岛保护，而低压反孤岛装置主要用于 220/380V 电网中，一般安装在光伏发电系统送出线路电网侧，如配电变压器低压侧母线、箱式变压器母线等处，在电力人员检修与光伏发电系统相关的线路或设备时使用。

由于现有的光伏发电容量相对于负载比例小，电网电消失后电压、频率会快速衰减，逆变器可以准确检测出来。但是随着光伏发电容量不断加大，光伏并网发电系统中会有多种类型的并网逆变器（不同保护原理）接入同一并网点，导致互相干扰；同时，在出现发电功率与负载基本平衡的状况时，抗孤岛检测的时间会明显增加，甚至可能出现检测失败。所以，在并网光伏逆变器具备孤岛保护功能的前提下，仍然要求光伏系统并网加装防孤岛保护装置，这是为实现防孤岛准备的二次保护。逆变器和防孤岛装置动作范围不一样，逆变器检测电网电消失后自动关机退出运行，防孤岛保护装置动作跳开并网开关。

（四）反孤岛保护

逆变器应符合国家、行业相关技术标准，具备高/低电压闭锁、检有压自动并网功能。逆变器必须具备快速监测孤岛且监测到孤岛后立即断开与电网连接的能力。若并网光伏容量超过变压器额定容量的 25%，需在配电变压器低压母线处装设反孤岛装置，低压总开关应与反孤岛装置间具备操作闭锁功能。如母线间有联络时，联络开关也与反孤岛装置间具备操作闭锁功能。台区内家庭屋顶光伏并网容量超过 15% 时，宜考虑提前安排进行上述改造。电网低压总开关反孤岛保护装置接线图如图 2-5 所示。

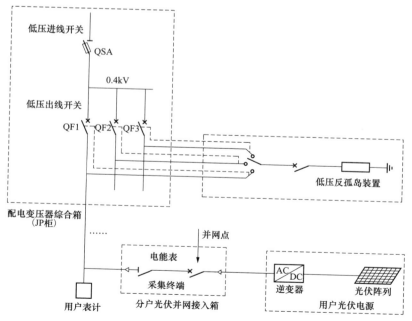

图 2-5 电网低压总开关反孤岛保护装置接线图

六、低电压穿越保护

低电压穿越，即当电网故障或扰动引起逆变器并网点的电压跌落时，在一定的电压跌落范围和时间间隔内，光伏发电系统能够不间断并网运行。随着光伏发电在电网中所占比例越来越高，光伏逆变器需要兼容的功能越来越多，若逆变器不具备低电压穿越能力，可能会在出现电网故障等情况时造成事故扩大，给电网带来灾难性后果。

逆变器的低电压穿越保护是指当电力系统事故或扰动时，引起光伏发电站并网点电压出现暂降，在一定的电压跌落范围和时间内，光伏发电能够保持不脱网连续运行。

根据《光伏发电站接入电力系统技术规定》（GB/T 19964—2012）规程规定，低电压穿越功能适应于 35kV 及以上的大中型地面电站，低电压穿越能力需要由逆变器实现。而接入用户侧的分布式光伏项目不要求具备低电压穿越能力，当负载侧发生触电、短路、接地等故障时，引起支路电压降低或者总开关跳闸，这时逆变器应立即停止运行，防止事故进一步恶化。

随着分布式光伏装机容量攀升，分布式电源在电网中所起的作用也越来越不容忽视，让其主动参与电网控制，提出用分布式电源来支撑电网稳定性的要求已经很有必要了。倘若地区某范围发生故障，此时如果分布式光伏发电立即切除，就会对电网的稳定性产生影响，甚至其他无故障的支路会发生因果连锁开断，进而造成大面积电网停电事故。当光伏电源容量占据配电网系统容量一定比例时，希望分布式光伏电源在系统侧故障时不脱网维持运行一段时间，甚至为维持电压稳定向电网侧提供无功功率，具体占比需根据实际电网接入情况进行潮流试算和运行方式具体分析。光伏发电站低电压穿越应参考以下要求执行：①光伏发电站并网点电压跌至 0 时，光伏发电站应能不脱网连续运行 0.15s；②光伏发电站并网点电压跌至曲线以下时，光伏发电站可以从电网切出。如图 2-6 所示，图中，T_1、T_2 的参数选择应与防孤岛保护共存，与电网继电保护配合，在这里推荐参数 T_1 为 0.625s，T_2 为 2s。

在一些有冲击性负载的工业厂房分布式光伏电站，如有大型吊车/电焊机等重型负荷启动，也会造成电压暂降。其特征是幅度小，非规则矩形，持续时间长，可能导致逆变器频繁启动，低电压穿越保护不能解决该问题，可考虑采用带隔离变压器的逆变器，或者在光伏接入点加设隔离变压器。

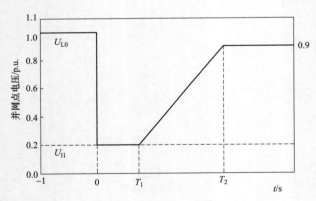

图 2-6　分布式光伏电站的低电压穿越要求

七、自动重合闸

在失去系统侧电压后，分布式光伏可能继续对故障点供电，进行重合闸时，分布式光伏所提供的电流阻碍了故障点电弧的熄灭，引起故障点电弧重燃，导致绝缘击穿，此时瞬时性故障将进一步扩大为永久性故障。

在系统侧电源断开至自动重合闸动作这段时间内，分布式光伏有可能加速或者减速运转，电力孤岛很难与系统侧电源保持完全同步，两者之间出现一个相角差。当相角差达到一定大小时，非同期重合闸会引起很大的冲击电流或电压，在冲击电流的作用下，馈线保护可能误动作，使自动重合闸失去迅速恢复瞬时故障的能力。同时，冲击电流也可能对配电网和分布式光伏设备带来致命的冲击。

因此，分布式光伏的接入对自动重合闸的正常工作产生了很大的影响。分布式光伏侧应该安装低周、低压解列装置，同时为了避免非同期重合闸给配电网和分布式光伏设备带来的冲击，系统侧需安装线路压变重合闸继电器，且该线路正常运行时需将重合闸动作时间整定为躲过光伏电站安全自动装置动作时间。在不满足检查线路无压要求时，重合闸应根据实际情况退出运行。

八、小电源联跳保护

电网内存有大量光伏发电接入点，规模小且分散，实际电源控制难度高，并网时会在很大程度上削弱大电网控制力度。大电网运行方式的改变将影响电网控制与保护设备，再加上光伏发电系统产生的电能与传统电能并不相同，并网后也会对运行效率产生影响，进而作用到大电网保护装置，降低保护动作的灵敏性与时效性，更易发生运行故障。

对供电敏感的客户，通常采用主备供配置备自投的方式来提高供电可靠性，分布式光伏电源的存在势必引起非同期合闸，影响备自投的正确动作。如果小电源不解列，那么备自投低电压就无法满足，系统负荷将会把分布式光伏拖垮，因此在备自投装置内增加联切功能。如果联切小电源的功能不能在备自投上实现，也可在其他保护装置上完善。

第四节　电能质量要求

分布式光伏发电是通过光伏组件将太阳能转化为直流电，再通过并网型逆变器将直流电转化为与电网同频率、同相位的正弦波电流并进入电网。由于光伏发电系统出力具有波动性和间歇性，且光伏发电系统通过逆变器将太阳能电池方阵输出的直流转换交流供负荷使用，含有大量的电力电子设备，接入配电网会对当地电网的电能质量产生一定的影响，包括谐波、电压偏差、电压波动、电压不平衡度和直流分量等方面。为了能够向负荷提供可靠的电力，由光伏发电系统引起的各项电能质量指标应该符合相关标准的规定。

一、一般要求

分布式光伏接入后发出电能的质量，在谐波、电压偏差、电压不平衡度、电压波动和闪变等方面应满足《电能质量　供电电压偏差》（GB/T 12325—2008）、《电能质量　电压波动和闪变》（GB/T 12326—2008）、《电能质量　公用电波谐波》（GB/T 14549—1993）、《电压质量　三相电压不平衡》（GB/T 15543—2008）、《电能质量　公用电网间谐波》（GB/T 24337—2009）等电能质量国家标准要求。

分布式光伏发电系统需在公共连接点或并网点装设满足《电能质量监测设备通用要求》

（GB/T 19862—2016）要求的 A 级电能质量在线监测装置。

分布式光伏发电系统的电能质量监测历史数据应至少保存一年，并将相关数据上送至上级运行管理部门。

二、谐波

谐波是指电流中所含有的频率为基波的整数倍的电量，一般是指对周期性的非正弦电量进行傅立叶级数分解，其余大于基波频率的电流产生的电量。产生谐波的根本原因是非线性负载所致，当电流流经负载时，与所加的电压不呈线性关系，就会形成非正弦电流，即电路中有谐波产生。在光伏发电系统中产生的谐波的主要设备是逆变器和升压变压器。

光伏用户应根据分布式光伏发电产生谐波的特点，采用降低谐波源的谐波含量、利用滤波器进行滤波等措施抑制谐波，使得产生的谐波电压（电流）满足以下条件：

（1）分布式光伏接入电网后，公共连接点的谐波电压应满足 GB/T 14549 的规定。公用电网谐波电压（相电压）限值如表 2-17 所示。

表 2-17　　　　　　　　　公用电网谐波电压（相电压）限值

电网标称电压/kV	电压总畸变率/%	各次谐波电压含有率/%	
		奇次	偶次
0.38	5.0	4.0	2.0
10	4.0	3.2	1.6
35	3.0	2.1	1.2
110	2.0	1.6	0.8

（2）分布式光伏所接入公共连接点的谐波注入电流应满足 GB/T 14549 的规定，不应超过表 2-18 中规定的允许值，其中分布式电源向配电网注入的谐波电流允许值按此电源协议容量与其公共连接点上发/供电设备容量之比进行分配。

表 2-18　　　　　　　　　公共连接点的谐波注入电流限值

标准电压/kV	基准短路容量/MVA	谐波次数及谐波电流允许值/A											
		2	3	4	5	6	7	8	9	10	11	12	13
0.38	10	78	62	39	62	26	44	19	21	16	28	13	24
10	100	26	20	13	20	8.5	15	6.4	6.8	5.1	9.3	4.3	7.9
35	250	15	12	7.7	12	5.1	8.8	3.8	4.1	3.1	5.6	2.6	4.7
110	750	12	9.6	6.0	9.6	4.0	6.8	3.0	3.2	2.4	4.3	2.0	3.7
—	—	14	15	16	17	18	19	20	21	22	23	24	25
0.38	10	11	12	9.7	18	8.6	16	7.8	8.9	7.1	14	6.5	12
10	100	3.7	4.1	3.2	6	2.8	5.4	2.6	2.9	2.3	4.5	2.1	4.1
35	250	2.2	2.5	1.9	3.6	1.7	3.2	1.5	1.8	1.4	2.7	1.3	2.5
110	750	1.7	1.9	1.5	2.8	1.3	2.5	1.2	1.4	1.1	2.1	1.0	1.9

三、电压偏差

电压偏差指实际运行电压对系统标称电压的偏差相对值，以百分数表示：

$$电压偏差（\%）= \frac{电压测量值 - 系统标称电压}{系统标称电压} \times 100\%$$

太阳辐照度、温度等会影响光伏的出力，分布式光伏接入后，由于光照温度的不确定性、传输功率的波动和分布式负荷的特性，不可避免会对电网的电压质量造成影响，使得输线各负荷节点处的电压偏高或偏低，导致电压偏差超过安全运行的技术指标。在大规模分布式光伏接入后，配电网局部节点存在静态电压偏移的问题，光伏用户应使用合格逆变器等改善电压质量措施，保证并网接入公共连接点的电压偏差满足 GB/T 12325 的规定，即

（1）35kV 公共连接点电压正、负偏差的绝对值之和不超过标称电压的 10%［注：如供电电压上下偏差同号（均为正或负）时，以较大的偏差绝对值作为衡量依据］。

（2）10kV（380V）三相公共连接点电压偏差不超过标称电压的 ±7%。

（3）220V 单相公共连接点电压偏差不超过标称电压的 –10%～7%。

四、电压波动和闪变

电压波动指电压方均根值（有效值）一系列的变动或连续的改变，闪变指电压波动所引起的灯光亮度变化的主观视觉。分布式光伏系统的出力由光照决定，并且并网型的光伏逆变器由可快速关断的电力电子元件控制，会造成局部配电线路的电压波动和闪变，对电网产生影响。

分布式光伏接入公共连接点的电压波动应满足 GB/T 12326 的规定。

（1）分布式光伏单独引起公共连接点处的电压变动限值与电压变动频度、电压等级有关，如表 2-19 所示。

表 2-19　　　　　分布式光伏单独引起公共连接点处的电压变动限值与
电压变动频度、电压等级的关系

r（次/h）	d（%）	
	$U_n \leqslant 35kV$	$U_n > 35kV$
$r \leqslant 1$	4	3
$1 < r \leqslant 10$	3	2.5
$10 < r \leqslant 100$	2	1.5
$100 < r \leqslant 1000$	1.25	1

注　r 表示电压变动频度；d 表示电压变动；U_n 表示标称电压。

（2）电力系统公共连接点，在系统正常运行的较小方式下，以一周（168h）为测量周期，所有长时间闪变值 P_{lt} 都应满足表 2-20 中闪变限值的要求。

| 表 2-20 | 在系统正常运行的较小方式下公共连接点的闪变限值 |

P_{lt}	
≤110kV	>110kV
1	0.8

（3）分布式光伏接入公共连接点单独引起的电压闪变值应根据电源安装容量占供电容量的比例及系统电压等级，按照 GB/T 12326 的规定分别按三级做不同的处理。

1）第一级规定：满足本级规定，可以不经闪变核算，允许接入电网。

①35kV 及以下公共连接点电压的光伏接入的电压闪变第一级限值如表 2-21 所示。

| 表 2-21 | 35kV 及以下公共连接点电压的光伏接入的电压闪变第一级限值 |

r（次/min）	$k=(\Delta S/S_{sc})_{max}/\%$
$r<10$	0.4
$10≤r≤200$	0.2
$200<r$	0.1

注　ΔS 表示波动负荷视在功率的变动；S_{sc} 表示公共连接点的短路容量。

②35kV 以上公共连接点电压的光伏接入，满足 $(\Delta S/S_{sc})_{max}<0.1\%$。

2）第二级规定：分布式光伏接入公共连接点单独引起的长时间闪变值须小于该负荷用户的闪变限值。

3）第三级规定：分布式光伏接入公共连接点单独引起的波动负荷用户不满足第二级规定的，经过治理后仍超过其闪变限值，可根据公共连接点实际闪变状况和电网的发展预测适当放宽限值，但公共连接点的闪变值必须符合表 2-20 的规定。

五、电压不平衡度

（1）电压不平衡度指三相电压在幅值上不同或相位差不是 120°或兼而有之的三相不平衡程度。

（2）分布式光伏接入公共连接点的三相电压不平衡度不应超过 GB/T 15543 规定的限值，公共连接点的三相电压不平衡度不应超过 2%，短时不超过 4%；其中由各分布式光伏接入引起的公共连接点三相电压不平衡度不应超过 1.3%，短时不超过 2.6%。

六、直流分量与电磁兼容

（1）直流分量指在交流电网中由于非全相整流负荷等原因引起的直流成分影响。直流分量会使电力变压器发生偏磁，从而引发一系列的影响和干扰。

分布式光伏发电系统的逆变器，由于基准正弦波的直流分量、控制电路中运算放大器的零点漂移、开关器件的设计偏差及驱动脉冲分配和死区时间的不对称等，输出电流都会含有直流分量。如果直流分量过大，不仅对电源系统本身和用电设备带来不良影响，如造成隔离变压器饱和导致系统过电流保护、造成电流严重不对称损坏负载等，还会对并网电流的谐波产生放大效应，从而产生电能质量的问题。因此，分布式光伏接入后向公共连接点注入的直流电流分量不应超过其交流额定值的 0.5%。

（2）电磁兼容指系统或设备在所处的电磁环境中能正常工作，同时不会对其他系统和设备造成干扰。它包括电磁干扰和电磁耐受性两部分，电磁干扰指机器本身在执行应有功能的过程中所产生的不利于其他系统的电磁噪声；电磁耐受性指机器在执行应有功能的过程中不受周围电磁环境影响的能力。

分布式光伏发电系统产生的电磁干扰不应超过相关设备标准的要求。同时，分布式光伏发电系统应具有适当的抗电磁干扰能力，保证信号传输不受电磁干扰，执行部件不发生误动作。

（3）电能质量在线监测装置应满足下述电磁兼容要求：

1）监测装置电快速瞬变脉冲群抗干扰度应满足《电磁兼容　试验和测量技术　电快速瞬变脉冲群抗扰度试验》（GB/T 17626.4—2018）中规定的严酷等级 3 级的要求。

2）监测装置射频电磁场辐射抗干扰度应满足《电磁兼容　试验和测量技术　射频电磁场辐射抗扰度试验》（GB/T 17626.3—2016）中规定的严酷等级 3 级的要求。

3）监测装置静电放电抗干扰度应满足《电磁兼容　试验和测量技术　静电放电抗扰度试验》（GB/T 17626.2—2018）中规定的严酷等级 3 级的要求。

4）监测装置浪涌抗干扰度度应满足《电磁兼容　试验和测量技术　浪涌（冲击）抗扰度试验》（GB/T 17626.5—2008）中规定的严酷等级 3 级的要求。

七、无功配置及功率因数

（1）分布式光伏发电系统工程设计的无功配置应满足以下要求：

1）分布式光伏发电系统的无功功率和电压调节能力应满足《电力系统无功补偿配置技术原则》（Q/GDW 212—2008）、《光伏发电系统接入配电网技术规定》（GB/T 29319—2012）的有关规定，应通过技术经济比较，提出合理的无功补偿措施，包括无功补偿装置的容量、类型和安装位置。

2）分布式光伏发电系统无功补偿容量的计算应依据变流器功率因数、汇集线路、变压器和送出线路的无功损耗等因素。

3）分布式光伏发电系统配置的无功补偿装置类型、容量及安装位置应结合分布式发电系统实际接入情况确定，必要时安装动态无功补偿装置。

（2）分布式光伏发电系统工程设计的并网点功率因数应满足以下要求：

1）通过 380V 电压等级并网的分布式光伏发电系统应保证并网点处功率因数在−0.95（滞后）～0.95（超前）范围内可调节的能力。

2）通过 10～35kV 电压等级并网的分布式光伏发电系统应保证并网点处功率因数在−0.98（滞后）～0.98（超前）范围内连续可调的能力，有特殊要求时，可做适当调整以稳定电压水平。在其无功输出范围内，应具备根据并网点电压水平调节无功输出参与电网电压调节的能力，其调节方式和参考电压、电压调差率等参数可由供电公司调度机构设定。

八、电能质量监测

（1）电能质量监测指通过对引入的电压、电流信号进行分析处理，实现对电能质量指标的监测，按待测指标测量方法分为 A 级、S 级和 B 级。

1）A 级指符合《电磁兼容　试验和测量技术　电能质量测量方法》（GB/T 17626.30—2012）中 A 级准确度测量方法，适用于要求精确测量电能质量指标参数的场合（如供用电合同约定的解决电能质量纠纷或验证是否满足相关电能质量标准等）。

2）S 级指符合 GB/T 17626.30 中 S 级准确度测量方法，适用于对电能质量常规测试及调查统计、排除故障等场合。

3）B 级为不符合 A 级和 S 级要求的电能质量监测设备。

电能质量监测环节如图 2-7 所示。

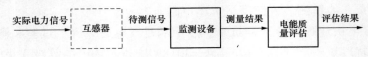

图 2-7　电能质量监测环节

（2）通过 10～35kV 电压等级介入的分布式光伏发电系统应在公共连接点或并网点装设满足 GB/T 19862 要求的 A 级电能质量在线监测装置，并将相关数据上送至上级运行管理部门。

（3）通过 380/220V 电压等级接入的分布式光伏发电系统，电能表应具备电能质量在线监测功能，可监测三相不平衡电流。

（4）电能质量监测设备电气性能要求。

1）供电电源应优先选择下述额定电压：

①单相交流电压：220V。

②直流电压：220、110V。

2）工作电源电压变化应满足监测设备能可靠工作，测量准确度不受影响的要求。

①交流标称电压±20%，标称频率 50±2.5Hz，谐波电压总畸变率不大于 10%。

②直流标称电压±20%，纹波系数不大于 5%。

3）额定信号输入电压：

①直接接入式即直接将待监测点一次电压、一次电流信号接入监测设备，可选择的额定信号输入电压：100、220、380、690V。

②间接接入式即待监测点一次电压、一次电流信号经互感器（传感器）接入监测设备，可选择的额定信号输入电压：100、100/$\sqrt{3}$ V。

4）电压信号输入回路性能要求：

①安全要求：施加 4 倍额定电压或 1kV 交流电压（取小者），持续 1s 时间，监测设备应不致损坏。

②波峰系数：可承受的波峰系数应不小于 2。

③功耗：额定信号输入电压下，回路（通道）消耗的视在功率应不大于 0.5VA/回路（通道）。

5）额定信号输入电压：

①直接接入式可选择的额定信号输入电流：0.1、0.2、0.5、1、2、5、10、20、50、100A。

②间接接入式可选择的额定信号输入电流：1、5A。

6）电流信号输入回路性能要求：

①安全要求：施加 10 倍额定电流信号，持续 1s 时间，监测设备应不致损坏。

②可承受的波峰系数：

a. 施加电流≥5A 时，可承受的波峰系数不小于 4。

b. 5A＜施加电流≤10A 时，可承受的波峰系数不小于 3.5。

c. 施加电流＞10A 时，可承受的波峰系数不小于 2.5。

d. 功耗：额定信号输入电流下，各回路（通道）电压降不超过 0.15V。

7）电能监测设备工作电源长时间断电时，监测设备不应出现误读数；电源恢复时，数据应不丢失。

8）电能监测设备运行环境条件如表 2-22 所示。

表 2-22　电能监测设备运行环境条件

环 境 参 数	户 内 运 行
极限环境温度/℃	−25～55
额定环境温度/℃	−10～45
24h 平均相对湿度/%	5～95
海拔高度/m	≤2000

第五节　电能计量及通信要求

电能计量装置是准确计量电力电量的重要装置之一。通过科学准确的计量可以监测电力企业的经济效益，为企业发展战略的改善提供可靠依据。另外，测量的数据也能直接反映出用户的用电情况，便于节约用电。

对光伏用户而言，可靠的电能计量及通信装置，除正确计量电能进行结算外，还可辅助用户进行设备运行状况的判断。

一、一般要求

（1）与公共电网连接的分布式光伏发电系统，其电能计量应设立上下网电量和发电量计量点。计量点装设的电能计量装置配置和技术要求应符合《电能计量装置技术管理规程》（DL/T 448—2016）的相关要求。

（2）分布式电源接入配电网时，其通信信息应满足配电网规模、传输容量、传输速率的要求，遵循可靠、实用、扩容方便和经济的原则，同时应适应调度运行管理规程的要求。

二、计量点设置原则

分布式光伏发电系统接入配电网应设立上下网电量和发电量电能计量点。计量点装设的电能表按照计量用途分为两类：关口计量电能表，用于计量用户与电网间的上、下网电量；并网电能表，用于计量发电量，计量点处应实现计量计费信息上传至运行管理部门。

电能计量点原则上应设置在供电设施与受电设施的产权分界处。按照全额上网模式与自发自用余电上网模式划分，其计量点设置主要参照以下原则：

（1）全额上网模式计量点设置：用户用电计量点和发电计量点合并，设置在电网和用户的产权分界点处，配置双向关口计量电能表，分别计量用户与电网间的上下网电量和光伏发电量（上网电量即为发电量）。若产权分界处不适宜安装电能计量装置，则由分布式电源业主与电网企业协商确定关口计量点。

（2）自发自用余电上网模式计量点设置：用户用电计量点设置在电网和用户的产权分界点，配置双方向电能表，分别计量用户与电网间上下网电量；发电计量点设置在并网点，配置单方向电能表，计量光伏发电量。

三、计量装置接线要求

（一）接线示意图
下面以低压单相分布式电源光伏为例进行介绍。

1. 全额上网
全额上网的低压单相分布式光伏电源计量接线图如图 2-8 和图 2-9 所示。

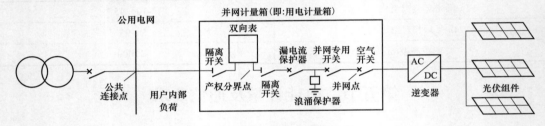

图 2-8　全额上网接线示意图

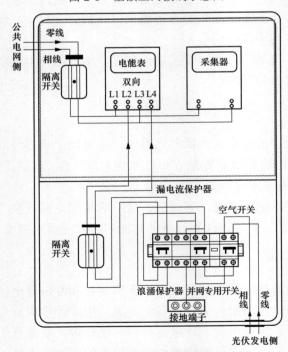

图 2-9　全额上网电能计量装置接线图

2. 自发自用余电上网

自发自用余电上网的低压单相分布式光伏电源计量安装接线图如图 2-10 和图 2-11 所示。

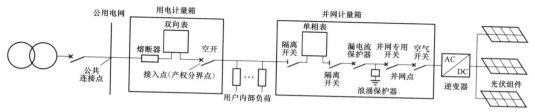

图 2-10 自发自用余电上网接线示意图

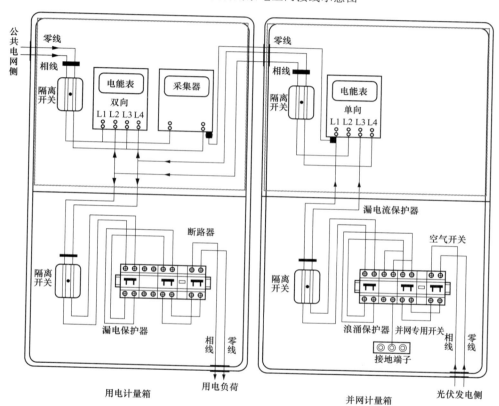

图 2-11 余电上网电能计量装置接线图

（二）并网模式与接入方式

1. 并网模式确定

（1）光伏电源可选择全额上网或自发自用余电上网的并网模式，根据接入容量、接入电压等级、接入方式等确定接入系统方案。

（2）光伏电源接入电压等级宜按照：三相输出接入 380V 电压等级电网，且在同一位置三相同时接入公共电网；单相输出接入 220V 电压等级电网。

2. 接入方式选择

（1）光伏电源应按用户所处环境、并网容量等确定接入系统方式，这里推荐两种接入方式，如表 2-23 所示，接线图分别如图 2-8～图 2-11 所示。

表 2-23 光伏电源接入系统方式分类

方案编号	接入电压	并网模式	接入点	送出回路	并网点参考容量
F-1	220/380V	全额上网（接入公共电网侧）	公共低压分支箱/公用低压线路	1	≤30kW$_p$，8kW$_p$ 及以下可单相接入
F-2	220/380V	自发自用余电上网/全部自用（接入用户侧）	用户计量箱（柜）表计负荷侧	1	≤30kW$_p$，8kW$_p$ 及以下可单相接入

（2）根据全额上网、自发自用余电上网/全部自用两种并网模式，全额上网模式应直接接入公共电网低压分支箱或公用低压线路，自发自用余电上网/全部自用模式应接入用户计量箱（柜）表计负荷侧。

（3）自发自用余电上网/全部自用模式接入用户计量箱（柜）表计负荷侧的位置选择应在原用户剩余电流保护装置的电网侧。

（三）电能计量装置配置

1. 全额上网方式

（1）安装位置。采用全额上网的方式，用户用电计量点和发电计量点合并，设置在电网和用户的产权分界点处，配置双方向电能表，分别计量用户与电网间的上下网电量和光伏发电量（上网电量即为发电量）。

（2）技术要求。电能表应配置为智能电能表，精度要求不低于 1.0 级，并具备双向有功计量功能、事件记录功能，同时应具备电流、电压、电量等信息采集和三相电流不平衡监测功能，配有标准通信接口，具备本地通信和通过电能信息采集终端远程通信的功能。

（3）计量方式。消纳方式为全额上网的用户，并网点处安装的双向有功电能表计量上网电量和售电量。

2. 自发自用余电上网方式

（1）安装位置。采用自发自用余电上网的方式，用户用电计量点设置在电网和用户的产权分界点，配置双方向电能表，分别计量用户与电网间上下网电量；发电计量点设置在并网点，配置单方向电能表，计量光伏发电量。

（2）技术要求。电能表应均为智能电能表，精度要求不低于 1.0 级。

1）安装在产权分界点的电能表（售电、上网关口计量表计）应具备双向有功计量功能、事件记录功能，同时应具备电流、电压、电量等信息采集和三相电流不平衡监测功能，配有标准通信接口，具备本地通信和通过电能信息采集终端远程通信的功能。

2）安装在并网点并网计量箱内的发电量关口计量表计，可以只具备单向有功计量功能、事件记录功能，同时应具备电流、电压、电量等信息采集和三相电流不平衡监测功能，配有标准通信接口，具备本地通信和通过电能信息采集终端远程通信的功能。

（3）计量方式。消纳方式为自发自用余电上网的用户，在资产分界点处安装的售电、上网关口计量表计，用于分别计量用户的上网电量和下网电量；在并网点处安装的发电量关口计量表计用于统计光伏项目的发电量。

（四）计量装置配置要求

1. 电能表配置技术

根据光伏发电电源接入的电压等级及接入点的光伏发电容量，计量电能表配置规定按表 2-24 所示的要求。

表 2-24　　　　　　　　　　　　低压光伏发电电能表配置

用电客户类别	计量自动化终端	电　能　表	备注
0.4kV 接入计量点	Ⅱ集中器	$P \leqslant 30kW$，三相四线多功能双向电能表 20（80）A、1.0 级	直接接入式（居民用户）
		$25kW \leqslant P < 100kW$，三相四线多功能双向电能表 1（10）A、1.0 级	配互感器（非居民用户）
0.22kV 接入计量点	Ⅱ集中器	$P \leqslant 8kW$，单相多功能双向电能表 10（60）A、2.0 级	直接接入式（居民用户）
		$25kW \leqslant P < 100kW$，单相多功能双向电能表 20（80）A、2.0 级	直接接入式（非居民用户）

2. 电流互感器配置要求

（1）电能计量装置应采用独立的专用电流互感器。

（2）电流互感器的额定一次电流确定，应保证其计量绕组在正常运行时的实际负荷电流达到额定值的 60% 左右，至少应不小于 30%。

（3）选取电流互感器可参考表 2-25，该配置是以正常负荷电流与配电变压器容量相接近计算的，对正常负荷电流与配电变压器容量相差太大的需结合实际情况选取计量互感器，计算原则为：计量互感器额定电流应大于该母线所带所有负荷额定电流的 1.1 倍。

（4）计量回路应先经试验接线盒后再接入电能表。

表 2-25　　　　　　　　　用电客户配置电能计量用互感器参考

变压器或光伏发电容量/kVA	10kV 电流互感器		
	高压 TA 额定一次电流/A	低压 TA 额定一次电流/A	准确度等级
30		50	0.2S
50		100	0.2S
80		150	0.2S
100	10	200	0.2S
125	10	200	0.2S
160	15	300	0.2S
200	15	400	0.2S
250	20	400	0.2S
315	30	500	0.2S
400	30	750	0.2S
500	40	1000	0.2S
630	50	1000	0.2S
800	75	1500	0.2S

变压器或光伏发电容量/ kVA	10kV 电流互感器		
	高压 TA 额定一次电流/A	低压 TA 额定一次电流/A	准确度等级
1000	75	2000	0.2S
1250	100	2500	0.2S
1600	150	3000	0.2S
2000	150	4000	0.2S

3. 计量箱配置要求

（1）光伏电源采用适用于民用住宅建筑等环境的专用并网计量箱，产品应符合《低压成套开关设备和控制设备　第 3 部分：由一般人员操作的配电板（DBO）》（GB/T 7251.3—2017）的要求。箱体材料宜用 SMC 玻璃钢材质（厚度不小于 2.5mm），观察窗采用非金属钢化玻璃材料，箱体应具有较强的封闭性并满足智能封印加封的要求。单相外形尺寸不小于 530mm×410mm×137mm，三相外形尺寸不小于 700mm×540mm×180mm。

（2）并网计量箱体分上下结构或左右结构，分别独立隔离，上下（或左右）门锁独立。计量表箱的进出线孔及门框均配橡胶圈。电缆进出孔大小应根据计量表箱的容量设计。箱体必须能防雨、防小动物、散热好、耐高温。

（3）并网计量箱内部应设备布局合理、导线固定牢固、布线工艺精细。导线采用黄、绿、红三相色线，中性线采用黑色（N），保护接地线采用黄绿双色线（PE）。分户线与进线颜色应保持一致。

（4）并网计量箱可以安装在户外，安装方式可采用多种（悬挂、固定等）方式，表箱安装中心离地高度为 1.4～1.8m，安装位置选择应便于装拆、维护和抄表。

（5）计量表箱内元件安装的间距要求如下：

1）三相电能表与三相电能表之间的水平间距不小于 80mm。

2）单相电能表与单相电能表之间的水平间距不小于 50mm。

3）多表位表箱电能表上下边之间的垂直间距不小于 100mm。

4）电能表与试验接线盒之间的垂直间距不小于 150mm。

5）低压互感器之间的间距不小于 80mm。

四、电能量采集技术要求

（一）全额上网模式采集技术要求

以 220/380V 电压等级接入公共电网配电箱（配电室）的光伏发电系统，关口电能计量点处可采用无线采集方式；以 10kV 及以上电压等级接入公共电网线路（开关站）、用户线路（开关站）的光伏发电系统，关口电能计量点处宜设置一套专用电能量信息采集终端，接入电能信息采集与管理系统，实现用电信息的远程自动采集。

（二）自发自用余电上网模式采集技术要求

以 220/380V 电压等级接入公共电网配电箱（配电室）的光伏发电系统，关口电能计量点和各并网点处均可采用无线采集方式；以 10kV 及以上电压等级接入公共电网线路（开关站）、380kV 及以上电压等级接入用户线路（开关站）的光伏发电系统，关口电能计量点和各并网点处均宜设置专用电能量信息采集终端，接入电能信息采集与管理系统，实现用电信息的远程自动采集。

五、通信方式与运行信息上传管理要求

分布式光伏发电系统接入配电网时应根据当地电力系统通信现状，因地制宜地选择下列通信方式，满足光伏接入需求。

（一）光纤通信

根据分布式光伏发电接入方案，光缆可采用 ADSS 光缆、OPGW 光缆、管道光缆，光缆芯数 12～24 芯，纤芯均应采用 ITU-TG.625 光纤。结合本地电网整体通信网络规划，采用 EPON 技术、工业以太网技术、SDH/MSTP 技术等多种光纤通信方式。

（二）电力载波

对于接入 35/10kV 配电网中的分布式光伏，当不具备光纤通信条件时，可采用电力线载波技术。

（三）无线方式

可采用无线专网或 GPRS/CDMA 无线公网通信方式。当有控制要求时，不宜采用无线公网通信方式；如采用无线公网通信方式且有控制要求时，应按照《信息安全技术 信息系统安全等级保护基本要求》（GB/T 22239—2008）的规定采取可靠的安全隔离和认证措施。采用无线公网的通信方式应满足《配电自动化建设与改造标准化设计技术规定》（Q/GDW 625—2011）和《电力用户用电信息采集系统管理规范 第二部：通信信道建设管理规范》（Q/GDW 380.2—2009）的相关规定，采取可靠的安全隔离和认证措施，支持用户优先级管理。

（四）通信设备供电

（1）分布式光伏发电接入系统通信设备电源性能应满足接入网电源技术的相关要求。

（2）通信设备供电应与其他设备统一考虑。

（五）运行信息管理

在正常运行情况下，分布式光伏发电系统向电网调度机构提供的信息要求如下：

（1）380V 或 10kV 分布式光伏发电接入系统暂只需上传电流、电压和发电量信息，条件具备时，预留上传并网点开关状态能力。

（2）10kV 以上电压等级接入的分布式光伏发电系统需上传并网设备状态、并网点电压、电流、有功功率、无功功率和发电量等实时运行信息。

第六节 通用技术要求

随着分布式光伏发电并网项目的大量投运，原来的无源电网逐步向有源电网转变，光伏发电项目的安全管理水平直接影响到电网的安全稳定运行和用户安全用电。为了减少光伏并网给电网和用户带来的安全风险，本节就光伏项目并网的防雷与接地、安全与提示标识、电源点信息管理与运用等内容进行介绍。

一、一般要求

加强分布式光伏项目施工过程、电气安装、并网调试等环节中的安全技术与安全防护，是保障分布式电源安全并网的必要手段。

首先要加强光伏项目建设期间的工程管理，确保光伏并网各组件和并网设备的安全可靠接地；其次要加强电源点的安全标识管理，确保电网检修人员的日常人身安全，同时要建立电网光伏电源点的信息管理，对电网调度运行和运检计划安全提供信息支撑；最后要加强光伏并网的验收检测，确保并网设备安全可靠，相关保护功能可靠灵敏，杜绝光伏项目带缺陷并入电网。

二、防雷与接地

光伏项目的防雷接地是光伏安全并网运行的重要组成部分，为确保光伏并网设备和电网设备的安全稳定运行，以及用户与检修人员的人身安全，对相关的防雷技术和接地技术要求进行明确。

（一）防雷技术

1. 光伏发电项目的雷电入侵途径

分布式光伏项目的主要电气设备包含太阳能电池阵列板、汇流箱、直流配电柜、逆变器、交流配电柜、升压变压器、高压开关柜、高低压接线等。从光伏发电项目的结构来分析，雷电入侵主要有以下四个途径：

（1）从光伏并网的外部电网网架及线路入侵。

（2）从光伏配电室等建筑物的主体入侵。

（3）从太阳能电池板直接入侵，具体分为两种：①雷电直接打击太阳能电池板，电池板附近的土壤和连接线路表皮被雷电的高电压击穿，电流脉冲由击穿处入侵光伏并网系统；②含有大量电荷的云层对电池板进行放电，整个光伏系统的设备形成大型的感应磁场，强烈的冲击电流通过连接设备的直流线路入侵，使与之相连的光伏设备承受过量的冲击电流而损坏。

（4）从光伏并网配电室的接地体形成反击电压入侵。

光伏并网配电室避雷针受到雷电打击时，在四周形成拓扑状的电位分布，对拓扑顶端即处于中心位置的电子设备接地体形成地电位回击，形成的瞬间回击电压峰值可达数万伏。

2. 光伏发电项目的防雷技术

光伏发电系统中设备的支架采用金属材料并占用较大空间，在雷电暴发生时，尤其容易受到雷击而毁坏，并且光伏组件、逆变器、升压变压器均比较昂贵，为避免因雷击和浪涌而造成经济损失，有效的防雷技术是必不可少的。

（1）防护直击雷。防护直击雷主要是由避雷针（网、线、带）、引下线和接地系统统一组成外部的防雷系统来完成的。其目的就是避免建筑物因受到雷击而引起火灾及人身伤害事故。在0级保护区范围内，设置避雷针（网、线、带）及相应的接地装置，包括接地线、接地极等。

（2）浪涌保护。通过将浪涌保护器安装在通电电缆中来达到保护目的，从而减少因电涌和雷击产生的过电压对光伏并网设备造成损害。

（3）等电位连接。通过构建光伏并网设备之间的金属等电位，来达到防止闪络和击穿的目的。等电位的构建是为了实现光伏并网设备的过电压保护，同时也是为了避免触电事故的发生。光伏发电系统的防雷系统，其关键手段就是通过电镀锌扁钢实现并网设备的金属外壳及全部金属部位连通并接地。

（4）屏蔽。为达到防止电磁脉冲和高感应电压对光伏并网设备的伤害，通常采用电磁屏蔽来实现对建筑物、线路及其他设备的隔离。屏蔽的原理是通过降低周围电磁场与相关线路的电磁作用来对系统提供保护，尤其当雷击云层在光伏并网系统附近经过时，保护作用就格外明显。其屏蔽的方式一般采取用密封的导电壳层、绝缘外套或电缆管套等，另外需要注意的是，屏蔽装置的外壳应与接地线之间具备可靠连接。

3. 并网光伏电站的主要防雷措施

设计光伏发电的防雷系统时，首先要顾及雷电直击对光伏并网系统的伤害，同时也要顾及防止感应雷和雷电波对光伏并网系统的入侵与破坏，因此在光伏并网配电室上架设避雷针就十分必要。而在综合考虑经济性和安全性两大因素的影响后，设计防雷措施时应根据其类别采取对应的措施才更为有效合理。根据光伏发电项目的环境因素，综合设计可采用的防雷措施主要有以下几点：

（1）在光伏并网配电室设置避雷针，配电室的建筑主体安置避雷网，尽可能考虑外部并网线路全线装设避雷线。如果光伏并网设备未处在避雷网保护范围内，则要在光伏并网设备处另加防雷装置。接地装置应电阻小、具备良好的导电性能，这样才能把雷击产生的电流导入大地。同时，要采取措施减小地电位，并将全部并网装置都通过相互连接的接地母排加以连接，从而通过共同接地的方式防止地电位反击。单独设立的避雷针（线）应专门设置对应的集中接地装置，接地电阻应不大于10Ω。低压装置的接地电阻应在4Ω以内。重要设备的接地应单独与接地网连接，接地电阻应符合要求，不应采用过度接地。

（2）在直流防雷汇流箱内设置防浪涌的保护控制装置，并在并网柜中安装相应的浪涌防护器，以此来保护雷电波入侵的连接电缆。为了避免防浪涌保护装置故障后引发电路短路故障，宜串联一个熔断器或者断路器在浪涌保护器前端，且其对过电流的保护额定值不能大于浪涌保护器的最大额定值。为得到更好的卸流效果，对浪涌保护器的不同保护层级应选择不同的产品型号。第一级的浪涌保护应采用开关型的保护装置，其主要技术参数额定放电冲击电流 $I_{imp} \geqslant 5kA$（10/350μs）；第二级浪涌保护应加装在逆变器与并网点之间，宜采用限压型的保护装置，具体型号应根据现场实际情况确定。

（3）采用多层次的避雷保护。在光伏发电系统中，非常重要的问题就是如何顺利地将雷电流引流至大地。通常避雷器应选用非线性阻抗，即正常情况下处于高阻抗状态，当受到雷击后，瞬间阻抗值减少趋于导通状态，卸放雷电流后又能重新恢复到高阻抗状态的避雷器。目前常用的避雷器为氧化锌压敏电阻避雷器，其具备反应迅速、通流量大、性能稳定的优势。在光伏发电系统中，一般可采用多个避雷器并联叠加使用的方式来提高防雷的稳定性，避免光伏并网设备受到因避雷器受雷击损坏后的二次伤害。

（4）等电位连接。光伏组件、设备支架、交直流电缆均应直接或间接通过浪涌保护器连接至等电位系统。其中，要注意区分接地电阻、接触电阻和导线电阻三者之间的区别与相互影响。接地电阻主要由四个部分组成，分别为接地体与设备之间的连接线阻抗、接地体自身阻抗、接地体与土壤之间的接触阻抗、土壤呈现的阻抗，而后面两个阻抗值具备不确定性的特点，因此如何有效把握后两个阻抗值的大小才是做好接地电阻的难点。由于单个的接地体，其接地阻抗的大小是有限的，因此只有通过组建接地网的方式，才能有效降低接地阻抗值，而接地阻抗值越小，其导流能力越强，因雷击产生的瞬时电压越低，最终才能达到防雷的目的。

（二）接地技术

1. 接地装置

光伏发电项目的接地系统应设计为首尾相连的环形接地系统。其中，光伏板的金属支架均应设置接地装置，其间隔不宜大于 10m。光伏并网设备和建筑体之间的接地连接由热镀锌扁钢实现，需要注意的是，热镀锌扁钢在焊接时其焊接部位要经过防腐防锈处理，其好处在于既减少了接地阻抗值，又将互相连接的接地系统人为地设置为一个等电位面，从而在雷击发生时减少接地线上的过电压。接地极铺设时应注意，其接地部分应至少钉入土壤 0.6m 以上，然后使用扁钢连接成网络。钉入土壤的扁钢连接部分需做好耐腐蚀保护。

10kV 配电装置主接地网以水平接地体为主，垂直接地体为辅，且为边缘闭合的复合接地网。10kV 配电室内接地主线、接地支线均采用 40mm×4mm 热镀锌扁钢，垂直接地极采用∟50mm×5mm 角钢，L=2500mm，电缆沟接地采用 40mm×4mm 热镀锌扁钢。光伏发电的水平接地网采用 40mm×4mm 规格热镀锌扁钢敷设方式，其接地要求应满足下面几点：

（1）电气装置和设施的主要金属部分均应接地，主要包括：变压器和逆变器等的底座和外壳，互感器的二次绕组，所有组件支架，配电、控制、保护用的屏（柜、箱）等金属框架，铠装控制电缆外皮，电力电缆接线盒、终端盒外壳，电力电缆的金属护套或屏蔽层，穿线的钢管和电缆桥架、支架等。

（2）接地线应采取防止机械损伤和化学腐蚀的措施。在接地线引进建筑物的入口处应设标志，明敷的接地线表面应涂 15～100mm 宽度相等的绿黄相间的条纹。

（3）连接电气设备的接地装置应满足下列要求：①接地装置应采取栓接或焊接方式。当连接方式为焊接时，焊接部位长度应达到相应扁钢宽度的 2 倍或圆钢直径的 6 倍；②伸长接地极（含接地体与管道），应在其连接处采取焊接方式。焊接的部位要相对较近，并应在可能开断管道时，其接地部位的接地阻抗大小仍能符合要求；③安装在室内的接地线沿墙明敷，其接地扁铁下端距地面高度应为 20～25cm，其余不沿墙敷设的部分应埋入地下。

（4）接地装置的安装应密切配合其他工程，如土建、下水道、水管道、电缆沟道的施工。

（5）屋顶上的设备金属外壳和建筑物金属构件均应接地。

（6）除上述要求外，其余应满足 GB/T 50065、《交流电气装置的过电压保护和绝缘配合》（DL/T 620—1997）、《火力发电厂、变电所二次接线设计技术规程》（DL/T 5136—2012）的相关要求。

（7）光伏组件外框应与支架可靠连接，所有的组件支架彼此之间可靠连接，使光伏组件与接地网形成统一接地网。

（8）屋顶下引主接地网采用 50mm×5mm 热镀锌扁钢，支架与支架之间连接引用线采用 40mm×4mm 热镀锌扁钢。

（9）新增引下线最终与厂区原有主接地网相连，如施工不便可与新增集中接地极相连，最终应满足接地电阻要求。

2. 户用光伏系统接地技术要求

光伏系统的接地是光伏施工人员容易忽视的问题之一，尤其是小容量光伏系统，人们对接地、防雷并不十分重视。但若不做接地，会因设备对地绝缘阻抗过低或漏电流过大而报错，影响发电量，甚至危害人身安全。另外，没有遮蔽的或高处的金属体更易遭雷击，不做接地设备可能会被雷击，造成人身财产损失。所以，每一个光伏电站都要做好接地，一个户用的光伏系统接地包括以下几个方面。

（1）组件侧接地。

1）组件边框接地。

很多人认为组件与支架均为金属体，直接接触导通，只要做了支架的接地处理就不用再做组件的了。实际上组件铝边框与镀锌支架或铝合金支架都做了镀层处理，满足不了接地要求，只有组件的接地孔连接到支架上才算组件有效接地。

一般说来，组件的接地孔用于组串之间连接使用，组串两端的组件接地孔会与金属支架连接。另外，组件存在着老化问题，可能产生漏电流过大或者对地绝缘阻抗过低问题，如果边框不接地，几年之后，逆变器很可能出现故障，导致系统不能正常发电。组件与组件之间的连接如图 2-12 所示，组件与支架之间的连接如图 2-13 所示。

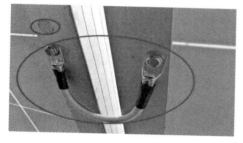

图 2-12　组件与组件之间的连接

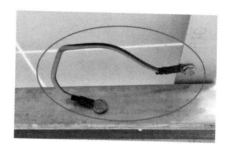

图 2-13　组件与支架之间的连接

2）组件支架接地。

对于组件支架的接地，一般选用 40mm×4mm 的扁钢或者 ϕ10mm 或者 ϕ12mm 的圆钢，最后埋入深度 1.5m 的地下，光伏组件的接地电阻要求不大于 4Ω。对于达不到接地电阻要求的，通常采用添加降阻剂或选择土壤率较低的地方埋入，如图 2-14 所示。

图 2-14　组件及支架防雷接地圆钢

（2）逆变器侧接地。

1）工作接地。一般工作接地（PE 端）接到配电箱里的 PE 排上，再通过配电箱做接地，如图 2-15 所示。

2）保护接地。逆变器机身右侧的一个接地孔用于做重复接地，保护逆变器和操作人员的安全，如图 2-16 所示。

图 2-15　逆变器 PE

图 2-16　逆变器接地

（3）配电箱侧接地。

1）防雷接地。交流侧防雷保护一般由熔断器或断路器和防雷浪涌保护器构成，主要对感应雷电或直接雷或其他瞬时过电压的电涌进行保护，SPD（Surge Protection Device，电涌保护护器）的下端接到配电箱的接地排上，如图 2-17 所示。

2）箱体接地。根据《建筑电气工程施工质量验收规范》（GB 50303—2015）6.1.1 的规定，柜、屏、台、箱、盘的金属框架及基础型钢必须接地（PE）或接零（PEN）可靠；装有电器的可开启门，门和框架的接地端子间应用黄绿色铜线连接。

配电箱的柜门与柜体要做跨接线，保证可靠接地，如图 2-18 所示。

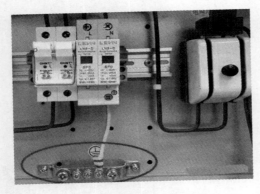
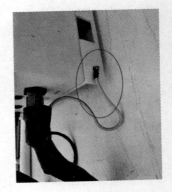

图 2-17　防雷浪涌保护器接地

图 2-18　配电箱的柜门与柜体的连接

三、安全与提示标志

为防止电网检修作业时因计量装接人员与线路检修人员未掌握光伏并网用户信息等安全风险点，而导致出现人身设备的安全事故，10kV 分布式光伏发电的用户并网柜、并网线路 T 接杆、开关站并网间隔和 220V（380V）分布式光伏发电的公共连接点、并网计量柜、用户计量箱、低压并网分支箱、低压配电变压器台区、低压线路 T 接杆等位置均应设置电源接入安全与提示标识。材料采用铝箔覆膜标签纸，黄底黑字标识。

（一）并网计量箱提示标识

对于分布式光伏并网用户，其并网点位于并网箱内，应在并网计量箱上张贴安全与提示标识，具体样式如图 2-19 和图 2-20 所示。

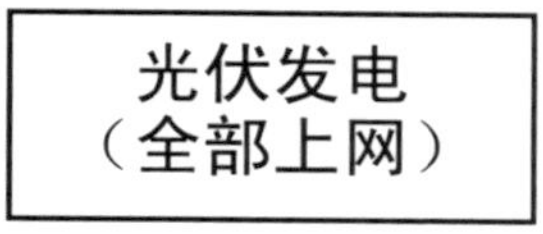

光伏发电
（全部上网）

图 2-19　全额上网样式

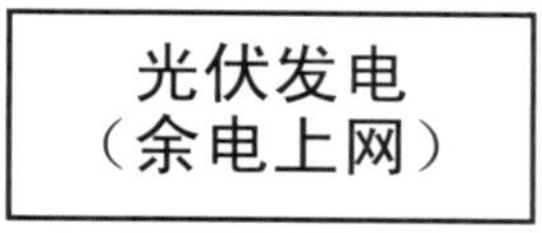

光伏发电
（余电上网）

图 2-20　余电上网样式

（二）用电计量表箱安全标识（余电上网）

对于分布式光伏余电上网用户，因其存在用电计量表计，当表计轮换时，需做好对相关人员的提示工作，因此用电计量箱上应张贴安全与提示装置，具体样式如图 2-21 所示。

（三）并网计量箱电源进出类型标识

为防止作业时将光伏电源与电网电源接入电线（电缆）产生混淆，应在并网计量箱处对电网电源与光伏电源进行明显区分，样式如图 2-22 和图 2-23 所示。

（四）公共连接点安全标识

（1）在分布式光伏电源接入电网的公共连接点处应设置安全标识，如此处有光伏接入等标签，如图 2-24 所示。

图 2-21　用电箱光伏并网提示标志

光伏电源 ↑

图 2-22　电网电源样式

电网电源 ↓

图 2-23　光伏电源样式

（2）公共连接点的安全与提示标识按照接入公共连接点的类别与位置，可分为线路接入标识、分支箱接入标识和台区接入标识。其中线路接入标识样式如图 2-25 所示，分支箱接入标识样式如图 2-26 所示。配电变压器台区接入标识的张贴样式如图 2-27 所示。

图 2-24　公共连接点安全标识

图 2-25　线路光伏 T 接提示

图 2-26　分支箱光伏 T 接提示

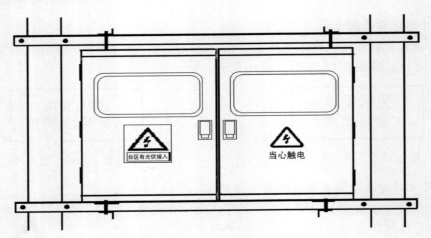

图 2-27　JP 柜配电变压器台区光伏接入提示

图 2-28　用户并网柜安全标识

（五）用户并网柜安全标识

（1）在分布式光伏电源接入用户配电室的并网柜应设置安全标识，如图 2-28 所示。

（2）用户并网柜的安全与提示标识按照用户接入位置，可分为低压并网柜和高压并网柜接入标识。其中低压并网柜样式如图 2-29 所示，高压并网柜样式如图 2-30 所示。

（六）开关站间隔安全标识

（1）在分布式光伏电源接入开关站间隔应设置安全标识，如图 2-31 所示。

（2）开关站间隔的安全与提示标识均为高压柜接入标识。开关站间隔接入样式如图 2-32 所示。

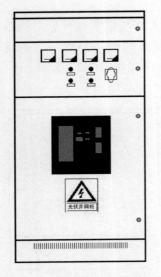

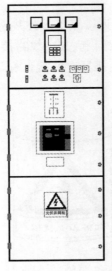

图 2-29　用户低压柜并网提示　　图 2-30　用户高压柜并网提示　　图 2-31　开关站间隔接入安全标识

四、电源点信息管理与运用

随着国家扶持政策的出台和时间推移，分布式光伏用户数日益增多。因此，加强对分布式光伏电源的信息管理与运用十分必要，主要应从以下几个方面加强光伏信息的建立和管理。

（一）建立光伏电源点信息基础台账

电网企业营销部门应将分布式光伏发电项目纳入营销系统管理，建立并网线路和公共连接点信息台账，提供发建部门作为参考。发建部门应将光伏并网信息台账作为编制光伏接入方案的依据，提高接入方案的合理性和可行性，实现光伏发电容量和电网设备容量的有效匹配。并根据光伏项目的发展趋势，研究分析发电能力和用户消纳水平，结合电网长远稳定运行的要求和升级改造，提前完成 10kV 配网和低压配网的规划和建设，满足光伏发电项目的顺利接入。

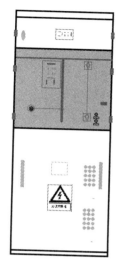

图 2-32　开关站间隔接入提示

（二）实现 PMS 2.0 系统光伏电源点信息标注

电网企业运检部门应在建立光伏电源点信息基础台账的同时，在 PMS 2.0 系统中实现光伏电源点信息标注，在线路计划检修工作中将光伏发电并网点作为施工作业的安全风险点，并将计划工作中涉及的光伏发电并网点纳入工作票范畴，提前做好相关安全措施，施工中交代安全风险点和安全注意事项，以确保作业过程中的人身安全。

（三）建立光伏电源点信息负荷分布图

电网企业调控部门应根据营销部门和运检部门提供的光伏并网信息，建立和完善光伏电源点信息负荷分布图，实时采集分布式光伏发电电流、电压和功率等数据，及时掌握地区光伏发电对区域电网负荷变化产生的影响，合理调度电网运行方式，实现光伏发电有效就地消纳。同时，根据光伏发电的数据统计和分析，提高电网负荷预测的准确性和实效性，为电网的安全稳定运行提供支撑。

第三章 分布式光伏电站施工及并网检测与验收

本章主要对光伏电站的光伏组件施工设计、典型施工组织方案、主要施工规范及要求、并网检查与测试、并网验收的相关内容进行介绍。

第一节 光伏组件施工设计

在光伏发电系统的施工设计中，光伏组件方阵的安装形式对系统接收到的太阳总辐射量有很大的影响，从而影响到光伏并网发电系统的发电能力。光伏组件的安置方式有固定安装式和自动跟踪式两种形式。自动跟踪系统包括单轴跟踪系统和双轴跟踪系统。单轴跟踪系统包括水平单轴跟踪系统和倾斜单轴跟踪系统，水平单轴跟踪（东西方位角跟踪和极轴跟踪）系统以固定的倾角从东往西跟踪太阳的轨迹，倾斜单轴跟踪系统围绕该倾斜的轴旋转追踪太阳方位角；双轴跟踪系统（全跟踪）可以随着太阳轨迹的季节性位置的变换而改变方位角和倾角。

一、方阵设计原则

（1）光伏电池组件串联形成的组串，其输出电压的变化范围必须在逆变器正常工作的允许输入电压范围内。

（2）每个逆变器直流输入侧连接的光伏电池组件的总功率应大于该逆变器的额定输入功率，且不应超过逆变器的最大允许输入功率。

（3）光伏电池组件串联后，其最高输出电压不允许超过太阳电池组件自身最高允许系统电压。

（4）各光伏电池板至逆变器的直流部分电缆通路应尽可能短，以减少直流损耗。

二、电池组件的串并联

（一）串并联设计

光伏电池组件串联的数量由逆变器的最高输入电压和最低工作电压，以及光伏电池组件允许的最大系统电压确定。光伏电池组串的并联数量由逆变器的额定容量确定。

在条件允许时，应尽可能地提高直流电压，以降低直流部分线路的损耗，同时还可以减少汇流设备和电缆的用量。

逆变器的最大输入电压 U_{DCmax}：低温状态下的光伏组件的串联电压之和不能超过光伏逆变器的最大允许直流电压 U_{DCmax}，电池组件工作电压为 30.6V，$S \times U_{mppt}(STC) \times [(1+\beta \times (T_{min}-25)] \leqslant U_{DCmax}$，满足逆变器的 MPPT 工作范围的要求。

（二）串并联优化要求

每一组串里，每块组件的工作电流应相同。方阵的并联电路中，要求每个组串的电压要相同。

三、光伏组串单元排列方式

一个光伏电池组串单元中太阳能电池组件的排列方式有多种，为了接线简单，线缆用量少，节省组件支架的数量，降低施工难度，光伏电池组件的排列方式一般采用光伏电池组串竖向放置方案。

四、安装方式设计

（一）安装方式比较

光伏组件四种安装方式的比较如表 3-1 所示。

表 3-1　　　　　　　　　　　　光伏组件安装方式的比较

项目＼安装方式	固定安装	水平单轴跟踪	倾斜单轴跟踪	双轴跟踪
发电量/%	100	118	131	136
安装支架造价/（元/W）	0.6	1.3	2	5
支撑点	多点支撑	多点支撑	多点支撑，支架后部偏高	单点支撑
抗大风能力	安装固定，抗风较好	抗风能力差	抗风能力较好	抗风能力较好
运行维护	工作量小	有旋转机构，工作量较大	有旋转机构，工作量较大	有旋转机构，工作量较大
占地面积	较小	较大	较大	较大
安装综合成本	较小	较大	较大	较大
维护成本	较小	较大	较大	较大

因为光伏跟踪系统采用了机电或者液压装置，所以其初始成本也相对较高，维护也相对较复杂，而且与建筑结合的光伏组件通常都是建筑的屋顶或者外墙材料。考虑到建筑屋顶面积有限、对美观的要求及相关的成本维护，以及可靠性等多种因素，目前，除了少量的光伏遮阳篷以外，一般来说都采用固定式安装。

（二）光伏组件在建筑上的固定安装方式

光伏组件在建筑上的固定安装方式分为建筑附加光伏（Building Attached Photovoltaic，BAPV）和光伏建筑一体化（Building Integrated Photovoltaic，BIPV）安装，其中 BAPV 就是把光伏组件直接放置在建筑上；而 BIPV 则是把特殊的光伏组件作为建材，作为建筑围护结构的一部分安装在建筑上面。

通常对于已经建好的已有建筑，建议采用组件直接放置型的固定安装方式。该方式是在建筑屋顶或者立面墙表面固定安装金属支架，然后将太阳能光伏组件固定安装在金属支架上，从而形成覆盖在已有建筑表面的太阳能光伏阵列。这种安装方式初始建设成本相对较低。

对于在建或者设计阶段的新建建筑，可以考虑利用 BIPV，将太阳电池组件和建筑材料组合为建筑构件成为建筑的外表面材料；或者将特殊的组件直接作为屋顶材料或者幕墙材料覆盖建筑表面，让光伏组件真正成为建筑的一部分。在建筑设计阶段就考虑到光伏发电的应用，能够对建筑设计和光伏系统设计进行最佳的整合，从而可以得到最好的建筑与光伏结合的效果，既保持了建筑的美观，又能够最大限度地发挥太阳能系统的发电效能。

五、倾角的确定

（一）倾角的计算

利用国际通用光伏软件 PVsyst 软件进行倾角的计算。通过原始数据输入，可以根据建筑屋顶，光伏组件采取平铺于屋顶的方式进行固定，计算出光伏组件倾角，如图 3-1 所示。

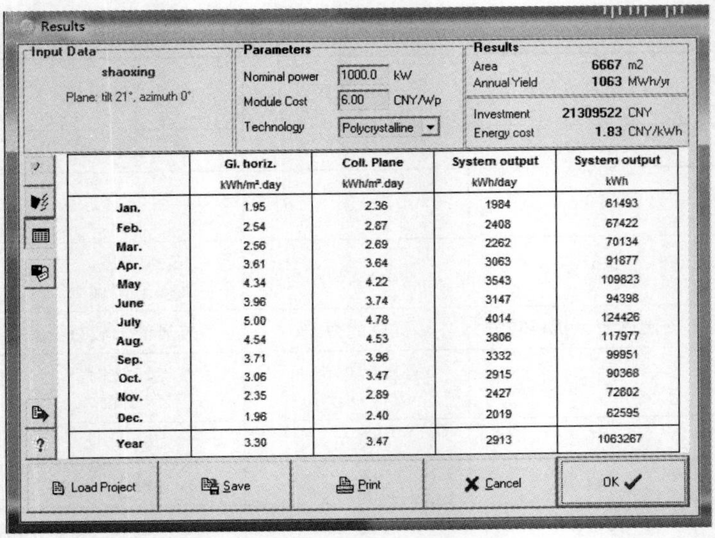

图 3-1　PVsyst 软件进行倾角的计算

（二）全国各大城市光伏阵列最佳倾角参考值

全国各大城市光伏阵列最佳倾角参考值如表 3-2 所示。

表 3-2　　　　　　　　　全国各大城市光伏阵列最佳倾角参考值

城市	纬度ϕ/ （°）	斜面日均辐射量/ （kJ/m²）	日辐射量/ （kJ/m²）	独立系统推荐倾角/ （°）	并网系统推荐倾角/ （°）
哈尔滨	45.68	15835	12703	$\phi+3$	$\phi-3$
长春	43.9	17127	13572	$\phi+1$	$\phi-3$
沈阳	41.7	16563	13793	$\phi+1$	$\phi-8$
北京	39.8	18035	15261	$\phi+4$	$\phi-7$
天津	39.1	16722	14356	$\phi+5$	$\phi-3$

城市	纬度 ϕ/ （°）	斜面日均辐射量/ （kJ/m²）	日辐射量/ （kJ/m²）	独立系统推荐倾角/ （°）	并网系统推荐倾角/ （°）
呼和浩特	40.78	20075	16574	$\phi+3$	$\phi-3$
太原	37.78	17394	15061	$\phi+5$	$\phi-6$
乌鲁木齐	43.78	16594	14464	$\phi+12$	$\phi-3$
西宁	36.75	19617	16777	$\phi+1$	$\phi-1$
兰州	36.05	15842	14966	$\phi+8$	$\phi-9$
银川	38.48	19615	16553	$\phi+2$	$\phi-2$
西安	34.3	12952	12781	$\phi+14$	$\phi-5$
上海	31.17	13691	12760	$\phi+3$	$\phi-7$
南京	32	14207	13099	$\phi+5$	$\phi-4$
合肥	31.85	13299	12525	$\phi+9$	$\phi-5$
杭州	30.23	12372	11668	$\phi+3$	$\phi-4$
南昌	28.67	13714	13094	$\phi+2$	$\phi-6$
福州	26.08	12451	12001	$\phi+4$	$\phi-7$
济南	36.68	15994	14043	$\phi+6$	$\phi-2$
郑州	34.72	14558	13332	$\phi+7$	$\phi-3$
武汉	30.63	13707	13201	$\phi+7$	$\phi-6$
长沙	28.2	11589	11377	$\phi+6$	$\phi-6$
广州	23.13	12702	12110	$\phi+0$	$\phi-1$
海口	20.03	13510	13835	$\phi+12$	$\phi-3$
南宁	22.82	12734	12515	$\phi+5$	$\phi-4$
成都	30.67	10304	10392	$\phi+2$	$\phi-8$
贵阳	26.58	10235	10327	$\phi+8$	$\phi-8$
昆明	25.02	15333	14194	$\phi+0$	$\phi-1$
拉萨	29.7	24151	21301	$\phi+0$	$\phi+2$

六、方位角的确定

方位角的不同，倾斜面所接收到的年总辐射量也随之变化，故组件倾角与建筑屋顶倾斜度保持一致，倾斜角一致。方位角的不同，倾斜面所接收到的年总辐射量也随之变化。表 3-3 所示为倾角为 21°，方位角为 0°、±5°、±10°时的辐射量与最佳发电量。

表 3-3　　　　　　　　　　　不同方位角的辐射量与最佳发电量

方位角/（°）	-10	-5	0	5	10
辐射量/（kWh/m²·a）	1263	1264	1264	1264	1264
最佳发电量/（MWh/y）	1063	1063	1063	1063	1063

综合上述辐射量及其发电量、项目现场的施工情况考虑分析得到：光伏组件倾角为21°、方位角为 0°为最佳方案。此时，倾斜面辐射量为 1264kWh/m² · a 最佳发电量为1063MWh/yr。图 3-2 所示为倾角为 21°、方位角为 0°时的太阳辐射量分布变化。

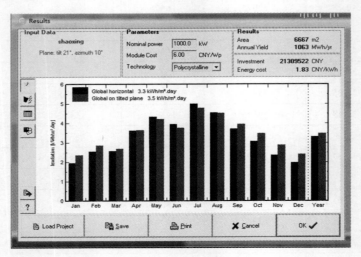

图 3-2　倾角为 21°、方位角为 0°时太阳辐射量分布变化

由图 3-2 可以看出，当光伏组件以 21°倾角安装时，在 1～4 月和 9～12 月，其表面接受到的太阳辐射量比水平面上接收到的太阳辐射量大；在 5～8 月，光伏组件以 21°倾角安装比水平安装所接受到的太阳辐射量小。但从整年接受的太阳辐射量来说，光伏组件以 21°倾角安装，其表面获取的太阳辐射量较大，且全年各月光伏组件表面获取的太阳辐射量比较均衡，各月的发电量也将会比较均衡；而水平安装的光伏组件各月获取的太阳辐射量差异比较大，各月的发电量也将会有很大的变化。

七、水平面辐射折算到倾斜面

通常气象资料提供的太阳能辐射资料是当地水平面太阳能月平均日总辐射量或直射、散射辐射量。对于某一倾角固定安装的光伏阵列，所接受的太阳辐射能与水平面不同。在进行光伏设计时，需要计算分析不同倾角的倾斜面上的太阳辐射量并对倾角进行优化分析。

（一）辐射量的计算

辐射量的计算方法如下：

$$H_t = H_{bt}(S) + H_{dt}(S) + H_{rt}(S) \tag{3-1}$$

$$H_{bt} = H_b \times R_b \tag{3-2}$$

$$H_{dt} = H_d \left[\frac{H_b}{H_0} R_b + 0.5 \left(1 - \frac{H_b}{H_0} \right)(1 + \cos S) \right] \tag{3-3}$$

$$H_{rt} = 0.5 \rho H (1 - \cos S) \tag{3-4}$$

$$R_b = \frac{\cos(\varphi - S)\cos\delta\sin h'_s + \frac{\pi}{180}h'_s\sin(\varphi - S)\sin\delta}{\cos\varphi\cos\delta\sin h_s + \frac{\pi}{180}h_s\sin\varphi\sin\delta}\qquad(3\text{-}5)$$

式中：H_0 为大气层外水平面上太阳辐射量；H_b 为水平面上太阳直接辐射量；H_{bt} 为倾斜面上太阳直接辐射量；H_d 为水平面上散射辐射量；H_{dt} 为倾斜面上太阳散射辐射量；H_{rt} 为倾斜面上地面反射辐射量；H_t 为倾斜面上的总辐射量，为倾斜面上的直接辐射量、散射辐射量及地面反射辐射量之和；h_s 为水平面上的日落时角；h'_s 为倾斜面上的日落时角；R_b 为倾斜面与水平面上直接辐射量的比值；S 为倾斜面的角度；φ 为当地的纬度；δ 为太阳的赤纬角度；ρ 为地面反射率，一般计算时，可取 $\rho = 0.2$。

（二）不同地面状态反射率

不同地面状态反射率如表 3-4 所示。

表 3-4 不同地面状态反射率

地面状态	反射率	地面状态	反射率	地面状态	反射率
沙漠	0.24~0.28	干湿土	0.14	湿草地	0.14~0.26
干燥地带	0.1~0.2	湿黑土	0.08	新雪	0.81
湿裸地	0.08~0.09	干草地	0.15~0.25	冰面	0.69
干燥黑土	0.14	森林	0.04~0.1	湿砂地	0.09
湿灰色地面	0.1~0.12	残雪	0.46~0.7	干砂地	0.18
干灰色地面	0.25~0.3	—	—	—	—

（三）赤纬角计算

选择每月的代表日为 17 号，确定每月代表日的日顺数 n。计算每个月的太阳赤纬角，即

$$\delta = 23.45\sin\left(360 \times \frac{284 + n}{365}\right)$$

1~12 月太阳赤纬角如表 3-5 所示。

表 3-5 1~12 月太阳赤纬角

月	1	2	3	4	5	6	7	8	9	10	11	12
n	17	46	75	105	135	162	198	229	259	289	319	351
δ	−20.9	−12.9	−2.1	9.4	18.15	23.15	21.3	13.7	2.25	−8.5	−18.2	−23.2

八、方阵前后间距计算

（一）方阵布置图

方阵布置图如图 3-3 所示。

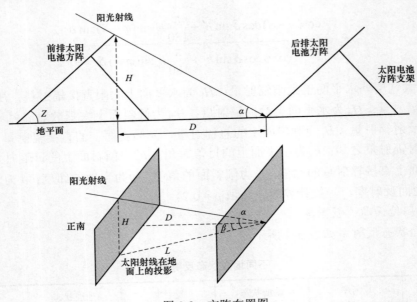

图 3-3 方阵布置图

D—方阵前后间距，$D = (1.854 - 4.199)H$；H—后排光伏组件底边至前排遮挡物上边的垂直高度

（二）间距计算公式

最小间距计算一般原则：冬至当天 09:00～15:00 时太阳光电池方阵不应被遮挡。

$$D = L \cos \beta \tag{3-6}$$

$$L = \frac{H}{\tan \alpha} \tag{3-7}$$

$$\alpha = \arcsin(\sin \varphi \cdot \sin \delta + \cos \varphi \cdot \cos \delta \cdot \cos \omega) \tag{3-8}$$

$$\beta = \arcsin \left(\frac{\cos \delta \cdot \sin \omega}{\cos \alpha} \right) \tag{3-9}$$

式中：δ 为太阳赤纬角，冬至为 $-23.45°$；ω 为冬至日上午 9:00 的时角为 45°，

$$\alpha = \arcsin(0.6487 \cos \varphi - 0.3979 \sin \varphi) \tag{3-10}$$

$$\beta = \arcsin \left(\frac{0.917 \times 0.707}{\cos \alpha} \right) \tag{3-11}$$

φ 为纬度（北半球为正，南半球为负），一般选择在 30°～45° 之间。

求出太阳高度角 α 和太阳方位角 β 后，可求出投影长度 L，再将 L 折算到前后两排方阵之间的垂直距离：

$$D = L \cos \beta = H \frac{\cos \beta}{\tan \alpha}$$

$$= H \frac{\cos \left[\arcsin \left(\dfrac{0.917 \times 0.707}{\cos \alpha} \right) \right]}{\tan[\arcsin(0.6487 \cos \varphi - 0.3979 \sin \varphi)]} \tag{3-12}$$

九、我国太阳能资源区划

适合阳光发电用的我国太阳能资源区划如表 3-6 所示。

表 3-6　　　　　　　　　　适合阳光发电用的我国太阳能资源区划

区划类别	城市名称	最佳倾角 β_m/(°)	年平均最大辐射能（在最佳倾面上，H_{LM}）峰值/(Wh·天)	相对能量比/%	最低辐射能月份	参考倾角/(°)	年平均辐射能（在参考倾面上，H_{LR}）峰值/(Wh/天)
Ⅰ（100%）	拉萨	32.637	6.99	100	8	20.76	6.472
Ⅱ（80%～90%）	呼和浩特	40.82	5.76	82.3	12	53.06	5.211
	西宁	36.75	5.65	80.8	9	36.75	5.096
	银川	38.48	5.61	80.2	12	50.02	5.137
Ⅲ（70%～80%）	太原	34.00	4.97	71.1	12	52.89	4.354
	北京	35.62	4.93	70.6	12	59.37	4.107
	乌鲁木齐	39.40	4.89	70.0	12	65.67	4.107
Ⅳ（60%～70%）	长春	39.51	4.79	68.4	12	57.07	3.89
	兰州	32.45	4.78	68.4	12	57.68	3.54
	天津	35.19	4.74	67.8	12	54.74	3.85
	沈阳	37.59	4.66	66.6	12	62.66	3.49
	济南	33.01	4.52	64.6	12	55.02	3.73
	哈尔滨	41.11	4.46	63.7	12	68.52	3.27
	昆明	27.52	4.36	62.6	10	30.02	3.59
	郑州	31.24	4.20	60.1	12	55.55	3.56
Ⅴ（50%～60%）	海口	18.03	4.05	57.9	2	30.05	2.97
	南京	28.80	4.05	57.8	1	51.20	3.34
	武汉	24.50	4.01	57.3	1	49.01	3.15
	西安	27.34	3.96	56.6	12	54.69	3.20
	南昌	22.88	3.95	56.5	3	37.18	2.94
	上海	24.94	3.91	55.9	1	49.87	3.34
	合肥	25.50	3.84	55.0	12	50.99	3.15
	南宁	20.54	3.70	52.8	2	18.26	2.46
	广州	23.13	3.62	51.8	3	20.82	2.62
	福州	20.86	3.57	51.0	2	33.90	2.82
	杭州	24.18	3.54	50.6	1	45.35	2.81
Ⅵ（40%～50%）	长沙	19.74	3.38	48.3	2	33.84	2.27
	成都	21.47	3.10	44.4	12	46.01	2.05
	贵阳	18.61	3.05	43.7	1	39.87	1.91

十、方阵低点要求

（1）高于当地最大积雪深度。

（2）高于当地洪水水位。

（3）高于一般灌木植物的高度。

（4）防止下雨时泥沙溅上太阳电池板。

（5）一般设计时取值 30～60cm。

第二节　典型施工组织方案

一、光伏电站选址

（一）现场勘察准备

光伏电站现场勘察需要耗费比较大的时间成本和人力成本，因此必须充分做好准备工作。

1. 前期沟通

（1）项目场址的地点、地理位置的经纬度。

（2）场址面积、计划规模。

（3）场址地貌。

（4）场址附近的升压变电站及电压等级。

2. 宏观选址

根据业主提供项目地点的经纬度，利用网络卫星地图，查看周边的地形地貌，初步了解场址的大概情况。再查看当地的太阳能资源，可以通过 NASA 或 Meteonorm 等获得当地太阳能资源的各月总辐射量，计算出发电量，并按大致的投资水平估算项目收益。基本掌握项目收益情况后，与业主进行简单沟通。

3. 软硬件准备

勘察人员需带上 GPS 定位仪，装有高斯坐标转换软件、AutoCAD 等相关软件的笔记本电脑。

（二）现场勘察

现场勘察需要注意的问题如下。

1. 观察山体的山势走向

观察山体的山势走向，必须有向南的坡度。另外，周围有其他山体遮挡的不宜考虑。可以按两个山体距离高于山体高度 3 倍以上来粗略估计。

2. 山体坡度选择

山体坡度大于 25°的一般不宜考虑。山体坡度太大，后续的施工难度会增大，施工机械很难上山作业，土建工作难度也大，项目造价会大大提高。另外，后续的运维检修（清洗、检修）难度也会大大增加。

3. 基本地质条件

基本地质条件可以通过目测一些断层或被开挖的断面，确认场地是否有足够厚度的土层，若有必要应做进一步地质勘查。

上述几个问题确定后，可用 GPS 定位现场边界点，基本圈定场址范围。同时，要从各角度勘察场址内的地质情况，避免忽略其他重要因素。

（三）勘察后续工作

1. 确定场址面积

根据现场确定的边界点在卫星地图上大致测算面积，就可以初步估算出容量。一般 $50\sim100MW_p$ 的规模，需要 $1\sim3km^2$。

具体可依据装机功率估算：

（1）晶体硅组件：$65\sim100W_p/m^2$，如 200MW，$5.64km^2$。

（2）薄膜电池（非晶硅）：$22\sim40W_p/m^2$。

2. 确定接入的并网线路

根据场址面积大致估算出规模以后，需要确定电压等级送出。应调查周边的电力线路，确定距离项目场址最近的并网线路电压等级、容量。

3. 确定场址地类

上述工作完成以后，需要到国土部门在二调图上查看场址的地类。现在二调图用的一般都是 80 坐标系三度带坐标。所以，要先将 GPS 上的经纬度坐标转换成 80 三度带坐标，送国土部门和林业部门查询，以确定场址地类是否允许使用。

二、项目管理人员配备

在满足光伏电站连续施工，保证各项工作有序开展的要求下，按照精简、高效原则，优化管理机构和作业层配备，设置项目的组织机构。一般项目部建议设项目经理、项目副经理兼总工、工程部、综合办，下设建筑/安装工程处、检测中心等。人资和财务可由承包商总部职能部门兼管。

（一）项目组织机构

项目组织机构如图 3-4 所示。

（二）项目管理班子的人员配备

项目管理班子的人员配备如表 3-7（供参考）所示。

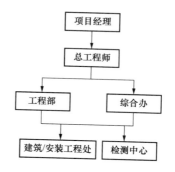

图 3-4 项目组织机构

表 3-7　　　　　　　　　　项目管理班子的人员配备

部门	职位	定员	备注
项目部经理	项目经理	1	
	总工程师	1	
工程部	工程管理	2	根据工程状况适当增减
综合办	综合管理	1	根据工程状况适当增减

（三）主要职责

1. 项目经理职责

负责本工程的各项管理，并在授权范围内对外行使各项职权。项目经理全权负责项目部的工作及履行本工程合同。项目经理由具有丰富管理经验的优秀项目经理担任，承包商将派出经验丰富的管理层和技术过硬的作业层参加本工程的管理和建设，以保证工程项目的安全、质量与进度。

2. 总工程师职责

（1）项目副经理负责全面协助项目经理的各项工作。

（2）协助项目生产副经理组织实施施工计划，主管项目的技术工作，对项目的安全技术工作负全面领导责任。

3. 工程部职责

（1）施工管理。

1）负责项目的总平管理，保证施工道路畅通，施工用工、力能配置、施工场地利用、设备堆放合理。

2）负责施工现场的协调工作和对工程施工全过程进行管理。

3）负责机械和运输车辆的计划，对工程施工进度、施工机具等进行协调管理。

4）负责设计图纸、设备技术文件、标准规范的收集、整理、保管、发放管理及组织工程档案的移交工作。

（2）质量管理。

1）组织编制和实施项目质检计划，按施工质量规程和制度进行质量检验、质量监督、质量控制、质量评定、考核等管理工作。负责工程验评资料的整理移交。

2）参与施工和产品、工程、物资采购的过程控制，协助相关部门开展标识和可追溯性控制、顾客财产及产品防护工作。

（3）安全保卫部职责。

1）认真贯彻国家、地方和行业有关安全生产、环境保护法律法规，协助项目班子组织推动项目安全文明施工工作，对施工过程的安全文明施工情况进行监督、检查、考核。

2）负责编制职业防护用品、用具和安全工器具的计划督促采购、试验鉴定、发放和正确使用工作，负责职业安全健康与环境管理体系的运行、实施和管理工作。

3）负责现场安全文明施工的策划和实施工作，组织做好各项安全活动，做好事故的统计、分析、上报工作。

4）负责现场设备、材料的保卫管理，负责项目治安保卫综合治理管理，负责现场安全设施、消防设施、环境设施等管理工作。

（4）物资管理。

1）负责工程所需材料的计划、采购、加工、运输、验收、保管、发放、废旧物资的回收和处理等工作。

2）负责对采购材料质保书、合格证等文件资料的收集、整理、传递、输入和存档等工作。

4. 综合办职责

（1）负责项目部文件管理和发放工作，组织好经理办公会议，做好会议记录，达到准确、清楚、查阅方便的要求。

（2）负责办公用品的计划和配置、管理工作，做好信息化建设及管理工作，做好信访、接待、服务等事务工作。

（3）负责项目部后勤保障服务工作，做好医疗、卫生、防疫工作。负责项目宣传报道工作，宣传企业形象。

5. 检测中心职责

（1）负责项目计量器具的检定工作，负责试验设备的调配、使用、送检、管理和保养。负责编制必要的作业指导文件。

（2）负责施工现场的检测、试验工作，并做到记录真实、准确。做好资料的移交工作。

6. 建筑/安装工程处职责

（1）负责施工范围内的工程施工组织与管理工作，负责有关资料的统计和其他基础管理工作。

（2）负责施工现场的机械管理、维修及施工现场的电气维护等工作。

（3）负责各自范围内的职工、协作工教育培训，保证工程的质量、工期、职业安全健康及环境保护管理目标实现。

三、光伏电站土建工程

（一）施工组织总体设想

光伏电站项目土建工程的特点：缺水缺电、工期短、砂石料运输远、道路差、基础数量多（单个基础量小）、点多面广等。针对以上特点，施工组织的总体设想如下。

1. 人员方面

根据工期长短、基础数量大小情况，组织好人员按流水作业施工，根据工程的具体工程量及进展情况，可灵活增减人数。

2. 临建方面

因工期很短，没时间也没必要修建临时建筑，首选就近租用民房，加以部分活动板房、工棚、帐篷相结合的形式。

3. 施工及生活用水

若现场就近周边有水源，施工用水可考虑抽水使用；若无水源，只能考虑汽车拉水。生活饮用水以桶装水为主。

4. 场内施工道路

考虑毛路面与泥结石或砂石路面结合，厂外道路由业主考虑。

5. 施工用电

若业主能够将主电源线拉进现场，则考虑敷设电缆及柴油发电机辅助（停电时）。若主电源线拉进现场的时间不能满足需要，考虑全部为柴油发电机。

6. 施工机具

由于基础数量多，较为分散，考虑2～4台可移动的小型拌合机，混凝土运输考虑小型机动翻斗车、手推车，必要时可使用输送泵。场内运输采用农用车、拖拉机等。

（二）主要工序施工

1. 场平及基坑土方施工

由于场平土石方施工量小，较为简单，本节不另叙述，主要简述基坑土石方施工。

（1）施工流程。

测量放线→开挖→人工清理排水→基底验收→垫层封闭。

（2）土方开挖施工方法。

根据土方工程量、开挖深度等实际情况，采用机械开挖和人工开挖相结合的方式进行。

（3）质量标准。

1）基坑（槽）底土质。基坑（槽）底土质必须符合设计要求。

2）土方工程允许偏差。土方工程允许偏差：长度、宽度大于零，坑底标高（+0、−50）。

3）土方回填。

①宜优先利用原土回填。

②回填前基础应进行检查验收并达到合格。

③填土前应做好水平高程测量。

④施工机具：选用小型打夯机、手推车等。

⑤施工工艺流程：坑底清理→检验土质→分层铺土→修整找平验收。

⑥回填时间：在基础完工并验收合格后方可进行回填。

2. 基础施工

主要工序：扎筋→支模→预埋件安装→浇筑→拆模→养护。

（1）施工准备。

1）选择准备基础施工机械和劳动力，根据方案对班组交底。

2）清除场内及坑内积水和坑内浮土、淤泥和杂物。

3）材料进场及送检。

4）采用钢木组合模板，支撑采用ϕ48mm×3.5mm 钢管，扣件连接。要求接缝头拼缝严密，扣件连接牢固，以保证混凝土浇筑的表面质量。

5）安装模板前，先复查地基垫层标高及中心线位置。混凝土施工时，脚手架不能搁置在基础模板上。

6）模板的拆除，必须在混凝土强度能保证构件不变形，棱角完整时进行。

7）混凝土浇筑前，应先用水湿润模板，并将模板内的垃圾、杂物、油污清理干净。

8）混凝土浇筑后要及时覆盖麻袋，养护方法是在麻袋上浇水养护，保证混凝土表面湿润一周，使混凝土充分达到设计强度。

9）混凝土预留孔洞及预埋管道、铁件要与混凝土施工同步进行，严禁事后打凿。

（2）质量标准。

1）模板支撑系统必须满足要求。

2）保证结构、构件各部分形状尺寸和相互间位置正确。

3）必须具有足够的强度、刚性和稳定性。

4）模板接缝严密，不得漏浆。

5）便于模板拆除。

（三）技术方案

1. 施工测量

（1）工程施工测量将根据业主提供的坐标点和高程控制点，结合总平面图和施工总平面布置图，建立适合本工程施工的平面控制网和高程控制网。

（2）各种控制点的设计、选点与埋设均应符合工程测量规范的要求。

（3）测量小组配备2～3人，配备全站仪、水准仪等设备，现场的平面控制采用全站仪进行施测，高程控制采用水准仪和全站仪，施工期间各控制点应加以保护，定期进行检查，防止遭到损坏。

（4）所用测量器具在使用前都必须经计量授权的检定单位进行检定合格。

（5）建、构筑物平面控制。平面控制网按Ⅰ级导线精度布设，Ⅱ级导线精度加密。

（6）建、构筑物高程控制。根据业主提供的高程控制点，在建、构筑物周围埋设适当数量的水准点，作为施工时标高测量的依据。

（7）轴线控制桩及水准点的保护。在施工过程中，要加强对轴线控制桩和水准点的保护，布设位置要合理，并进行保护，防止控制点被破坏。

（8）该工程最重要的是基础及短柱顶预埋件的埋设，一组基础预埋件顶要水平，必须采用水准仪进行严格操平，控制好预埋件顶标高及浇筑标高。

2. 钢筋工程

（1）钢筋工程的工艺流程。

钢筋工程的工艺流程如图3-5所示。

（2）钢筋原材料要求。

工程所用钢材必须选用通过了ISO9001产品认证的大型钢厂生产的产品，并要有出厂证明、材质证书等质保文件。

钢材进厂后，应先进行外观检查，防止有锈蚀、裂纹等，同时按批量进行机械性能试验，并经该工程监理和业主检验合格后方可使用。

（3）钢筋下料、制作。

钢筋在钢筋加工房集中制作，按分项工程编好钢筋下料表，制作人员按下料表上的数据尺寸将钢筋加工成半成品，分类编号并直接挂牌标识，运至现场绑扎。临时不需要现场绑扎的钢筋应有良好的防雨措施，以免其锈蚀。

（4）钢筋的绑扎。

钢筋的接头采用绑扎、搭接焊等接头形式。

采用搭接接头的钢筋其搭接长度应符合设计要求。焊接连接时，必须按规范规定进行

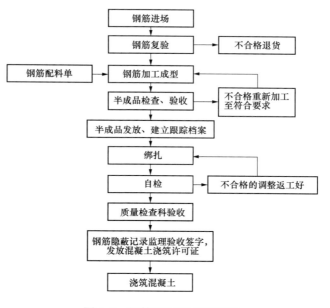

图 3-5　钢筋工程的工艺流程

现场取样试验合格。

钢筋的绑扎应严格按图纸进行，保证其位置的正确、间距一致、横平竖直。

3. 模板装拆工程

（1）模板安装前的准备工作及安装。

1）模板安装前的准备工作。

模板运到现场后，要清点数量，核对型号，清除表面渣，板面缝隙要用环氧腻子嵌缝，模板背面刷好脱膜剂，并用醒目字体喷字注明模板编号，以便安装时对号入座。进行模板的组装和试装，采用组合式模板必须在正式安装之前，先根据模板的编号进行试验性安装就位，以检查模板的各部尺寸是否合适，模板的接缝是否严密。发现问题及时修理，待解决后才能正式安装。

安装模板前必须做好抄平放线工作，并在模板下部抹好找平层砂浆，依据放线位置进行模板的安装就位。

2）模板的安装。

①安装模板时应按模板编号顺序吊装就位。

②模板的安装必须保证位置准确，立面垂直。模板横向水平一致，不平时可通过模板下部的地脚螺栓进行调整。

③为了防止出现烂根现象，在模板固定后，模板周边的缝隙要用小角钢、窄钢片、木条或水泥纸袋、塑料泡沫等堵严实，也可以采用抹 1:3 水泥砂浆填缝，但不要塞的太深，以防损伤墙体结构的断面。

④校正合格后，在模板顶部要放固定位置的卡具，防止浇筑时变形。

⑤模板安装完毕后，检查扣件、螺栓是否紧固，拼缝是否严密，尺寸是否合适，与外墙板拉结是否紧固，经检查合格后，方可浇筑混凝土。

（2）模板的拆除。

当混凝土达到规定强度后，可以拆除模板。

（3）模板的清理及保养。

1）模板拆模后应立即进行清理，除去表面黏结的混凝土、砂浆等灰渣，并刷好脱模剂待用。

2）刷脱模剂时应特别注意不要把脱模剂沾染到钢筋和混凝土接触面上，涂刷后的脱模剂不宜放置过长，以免板面遭雨淋或落上灰尘而影响脱模效果。

3）拆模遇有困难时，不得用大锤砸，可在模板下可用撬棍撬动。

4）拆模板拆下来的零件要随手放入工具箱，螺杆螺母要经常擦油润滑，防止锈蚀。

4. 混凝土工程

光伏电站基础工程一般单个基础量小、数量多、点多面广，故混凝土考虑采用可移动的小型拌合机拌制，运输采用机动翻斗车和手推车，在适当地段采用搭设混凝土梭槽，人工入模振捣。在拌合机不能到达或运输较困难的地方，可采用混凝土输送泵输送。

在浇筑混凝土前，必须先对水泥、砂、碎石送检，检验合格后方能使用。混凝土工程应根据设计要求委托厂区内实验室进行试配，经试配后根据实验室提供的混凝土配合比配制混凝土，混凝土的搅拌需配计量器专人计量管理，严禁采用体积比换质量比配制混凝土等错误操作。混凝土试件必须在施工现场随机取样，准确地反映真实数据。

在混凝土浇筑前应检查保护层垫块是否完好无损，严禁用短钢筋代替混凝土垫块。施工缝应先凿毛，清理干净，刷一道素水泥浆，以便二次浇筑混凝土时能相互连成整体。在浇筑过程中应遵循快插、慢拔的原则，浇筑上层混凝土时应将振动棒插入下层 10cm，保证混凝土连续浇筑施工，确保混凝土无冷缝现象。

当室外平均气温连续 5 天低于 5℃时，应严格按照《混凝土结构工程施工质量验收规范》（GB 50204—2015）的有关规定施工混凝土，加防冻剂。混凝土拆模后发现有蜂窝、麻面、孔洞、露筋时，必须通知有关单位进行见证后按提出的方法进行处理。浇筑完毕后及时进行养护。

（1）混凝土工程的工艺流程。

混凝土工程工艺流程如图 3-6 所示。

（2）混凝土工程材料的选用。

1）水泥。水泥品牌按设计招标人的要求选用，以袋装为主，现场堆放超过一个月的水泥应重新进行复检，合格后方可使用。

2）碎石、砂子。碎石、砂子就近取材，选用合格的机制山砂。碎石、砂子要分批取样试验，执行现行标准。

3）混凝土搅拌用水。混凝土搅拌用水水质应符合现行标准规定。

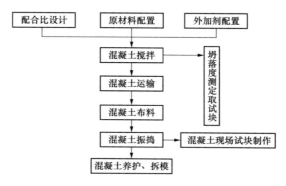

图 3-6　混凝土工程的工艺流程

4）混凝土外加剂。根据本工程混凝土结构的特点，主要外加剂有混凝土减水剂、缓凝剂、微膨胀剂等。外加剂应有合格证和性能检验证明并应经实验室检验、试配确定掺量。外加剂的使用应遵守现行外加剂应用技术规范。粉煤灰应符合有关标准要求。

（3）混凝土配合比。

1）混凝土的配合比设计要进行试配、优化。混凝土的配合比随季节变化进行调整，因骨料含水率变化的配合比调整应在实验室指导下进行。

2）滑模混凝土的配合比应根据施工阶段的环境天气情况进行调配。

（4）混凝土的搅拌。

1）混凝土搅拌要求。搅拌混凝土前，加水空转数分钟，将积水倒净，使拌筒充分润湿。搅拌第一盘时，考虑到各种因素的砂浆损失，石子用量应按配合比规定减半。搅拌好的混凝土要做到基本卸尽。在全部混凝土卸出之前不得再投入拌合料，更不得采取边出料边进料的方法。严格控制水灰比和坍落度，未经试验人员同意不得随意加减用水量。

2）材料配制。严格掌握混凝土材料配合比。配合比应在搅拌机上挂牌公布，便于检查。混凝土原材料按质量计允许偏差，不得超过以下规定：水泥、外加混合材料±2%，粗细骨料±3%，水、外加剂±2%。

3）投料顺序。投料顺序：石子→水泥→砂。每盘装料数量不得超过搅拌筒标准容量的10%。

4）搅拌时间。混凝土应充分搅拌，使混凝土的各种组成材料混合均匀，颜色一致。对于掺有外加剂的混凝土，应适当延长搅拌时间。

（5）混凝土的运输。

运输采用机动翻斗车和手推车，在适当地段搭设混凝土梭槽，人工入模振捣。在拌合机不能到达或运输较困难的地方，可采用混凝土输送泵输送。

（6）混凝土的浇筑。

1）混凝土在浇筑前应会同各单位进行验收，并会签隐蔽工程记录后方可浇筑。做好浇筑前的检查工作，如检查钢筋、模板支撑、预埋件、脚手架、施工缝等是否合格，模板内是否有杂物，垃圾必要时进行打扫和清洗，木模板要提前浇水湿润，模板内不得积水。以上工作做好后，根据质检员签发的浇灌许可证准备浇灌混凝土。

2）基础混凝土浇筑按施工方案确定的顺序浇筑。混凝土的自由下落高度控制在 2m 内，超过此高度采用串筒料斗下料。

3）混凝土在浇筑过程中，应按要求留置混凝土试块，搅拌站要认真填写每班混凝土的施工记录，注明工程施工部位、日期、混凝土强度等级等，除按规范要求进行标养外，应留一组按同条件养护。

（7）混凝土的振捣。

1）混凝土振捣时选用插入式振动棒，振捣时要快插慢拔，均匀布点振捣，不漏振。混凝土的振捣以混凝土不冒气泡为宜。

2）混凝土振捣结束，应随时用木抹搓平，并复核结构标高。板面混凝土初凝前应再次进行抹压，以防止收缩裂缝。

（8）混凝土养护。

1）垫层、基础铺一层麻袋洒水养护，短柱混凝土采用外包塑料布养护。

2）对于采用普通硅酸盐水泥拌制的混凝土，养护时间不得少于 7 天；对于掺用外加剂或有抗渗性要求的混凝土，养护时间不得少于 14 天。浇水次数应能保持混凝土处于湿润状态。混凝土强度不小于 $1.2N/mm^2$ 后才能在其上踩踏或安装上层模板支架。

5. 特殊施工工艺及措施

（1）在寒冷地区的混凝土防冻施工。在我国气候寒冷的地区，混凝土施工在低于 10℃ 的情况下必须采取防冻保温措施，C30 将添加−5 度的 2%混凝土抗冻剂，抗冻等级为 F25，并对混凝土表面敷设保温棉等防冻措施，保证混凝土的力学性能。

（2）逆变器室的保温与散热。由于逆变器是散热量大的大功率设备，因此逆变器室夏日的通风散热需要特殊的做法，将专设马口铁通风管道直通室外轴流风机与设备排风口，直接将热量排出室内。同时，设置防逆流的自闭阀门，保证防尘效果。逆变器室屋面设 100 厚 XPS 保温隔热板，有效保证保温隔热效果。

四、光伏电站电气工程

（一）变压器和配电柜安装

1. 箱式变压器安装

（1）安装流程。

箱式变压器安装流程如图 3-7 所示。

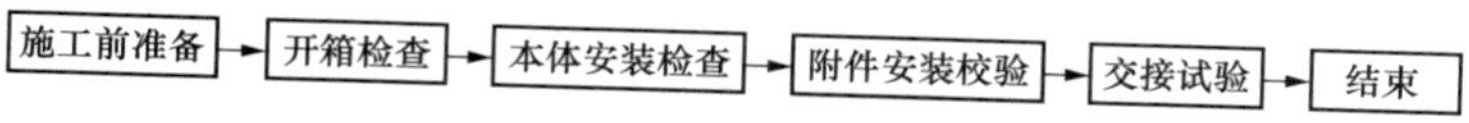

施工前准备 → 开箱检查 → 本体安装检查 → 附件安装校验 → 交接试验 → 结束

图 3-7　箱式变压器安装流程

（2）施工准备。

1）技术准备。按规程、厂家安装说明书、图纸、设计要求及施工措施对施工人员进行技术交底，交底要有针对性。

2）人员组织。技术负责人、安装负责人、安全质量负责人和技术工人。

3）机具准备。按施工要求准备机具，并对其性能及状态进行检查和维护。

4）施工材料准备。焊条、螺栓、油漆等。

（3）开箱检查。

1）箱式变压器到达现场后，会同监理、业主代表及厂家代表进行开箱检查，并应有设备的相关技术资料文件，以及产品出厂合格证。设备应装有铭牌，铭牌上应注明制造厂名，额定容量，一、二次额定电压，电流，阻抗及接线组别等技术数据应符合设计要求。

2）箱式变压器及设备附件均应符合国家现行有关规范的规定。变压器应无机械损伤、裂纹、变形等缺陷，油漆应完好无损。变压器高压、低压绝缘瓷件应完整无损伤，无裂纹等。

（4）箱式变压器型钢基础安装。

1）型钢金属构架的几何尺寸应符合设计基础配制图的要求与规定，如设计对型钢构架高出地面无要求，施工时可将其顶部高出地面 10mm。

2）型钢基础构架与接地扁钢连接不宜少于两点，符合设计、规范要求。

（5）变压器附件检查安装。

1）一次元件应按产品说明书位置安装，二次仪表装在便于观测的变压器护网栏上。温度补偿导线应符合仪表要求，并加以适当的附加温度补偿电阻，校验调试合格后方可使用。软管不得有压扁或死弯，富余部分应盘圈并固定在温度计附近。

2）变压器电压切换装置各分接点与线圈的连接线压接正确，牢固可靠，其接触面接触紧密良好。切换电压时，接线位置正确，并与指示位置一致。

（6）箱式变压器连线及检查。

1）变压器的一次和二次连线、地线、控制管线均应符合现行国家施工验收规范规定。

2）变压器的一次和二次引线连接，不应使变压器的套管直接承受应力。

3）变压器中性线在中性点处与保护接地线接在一起，并应分别敷设，中性线宜用绝缘导线，保护地线宜采用黄/绿相间的双色绝缘导线。

4）变压器中性点的接地回路中，靠近变压器处，宜做一个可拆卸的连接点。

5）电流互感器二次输出采用控制电缆，接入设计指定间隔的零序保护和测量表计。

6）检查、紧固柜内所有固定及连接螺栓，保证零部件装配牢固，电气连接可靠。

7）变压器交接试验内容：测量线圈连同套管一起的直流电阻、检查所有分接头的变压比、测量线圈同套管一起的绝缘电阻、线圈连同套管一起做交流耐压试验，试验全部合格后方可使用。

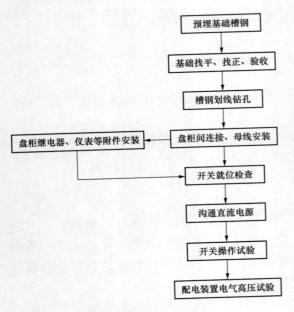

图 3-8 配电柜安装流程

2. 配电柜安装

（1）安装流程。

配电柜安装流程如图 3-8 所示。

（2）预埋基础槽钢。

由于土建的地坪水平度不易满足电气要求，没有预埋盘柜基础槽钢时，一排配电盘的找平比较困难，如果工程是这种设计，我们建议采用预埋基础槽钢的施工工艺，在槽钢与配电盘之间采用螺接或焊接方式连接，施工起来比较方便，且便于盘柜的整体找平。

（3）基础验收。

上述基础槽钢的位置和标高经检查验收，应符合标准。

（4）划线钻孔。

按图纸上盘柜底部的螺孔位置在槽钢上划出配电盘的螺孔中心线，钻孔攻丝。

（5）盘柜运输和就位。

1）配电柜运输到现场，用液压小车运至开关室内，运输过程中防止盘柜倾倒和损坏设备，严禁采用滚杠置于盘底移动盘柜，防止盘柜底部变形。

2）盘柜的安装。从边上第一个柜或从中间的一块开始，第一个柜安装要特别仔细，位置应准确，柜的垂直误差不大于 1mm。调整柜体垂直度和水平度，使断路器进入时能平滑通畅，然后固定。

3）以安装好的第一块盘柜为基础，依次安装同一列其他的柜，垂直度误差小于 1mm，相邻两柜的间隙不大于 1mm，整列柜的柜面不平度小于 3mm，水平误差小于 3mm。

4）母线安装。拆下有关盖板，确保母线安装通道畅通。按照制造商规定处理好母线的接触面。

5）按照制造商提供的安装程序上规定的力矩值，用合适的力矩扳手紧固母线连接螺栓，并做好标记。

6）再次检查母线表面绝缘层是否完好，清理灰尘。检查确认柜内没有遗留的工具和杂物，恢复所拆下的部件和盖板。

7）每段母线安装完毕，均应进行检查并及时填写有关记录，签上名字和日期。测量母线的绝缘电阻，并做好记录。

8）配电柜安装后的开关就位检查，开关柜的断路器和接触器检查，确保主开关的动、静触点接触良好。开关五防试验要全部做完。所有机械部分都涂上润滑油，电气接触部分都涂上润滑脂。清洁所有的绝缘装置、插入部件。

9）开关柜安装完，为防受潮结露，应及时投入加热器，并对易碰损处加以保护。若需要在配电柜顶部铺设特制木板，防止踩坏设备或使柜变形。

（二）电缆敷设及接线

1. 施工前的准备工作

（1）电缆运输和敷设通道畅通，电缆沟道排水良好，安全防护设施齐全，敷设区域的照明充足。

（2）电缆敷设用的存放场地保持平整、结实，电缆分类区域标志清楚，场地防护棚搭设完好，架轴器等辅助工器具准备齐全。

（3）技术员核对施工图纸、现场桥架安装、就地设备的布置，编制完整的电缆清册。电缆清册按照中压电缆、低压电缆、控制电缆、低电平电缆等分别编制，并且合理考虑敷设顺序。

（4）根据电缆清册绘制电缆的通道断面图，检查电缆布置的合理性。

（5）对参加电缆敷设的人员进行培训，掌握电缆敷设中的技能。

2. 施工工艺流程图

电缆敷设施工工艺流程如图3-9所示。

3. 电缆敷设施工方案

（1）在核查电缆的型号、规格、绝缘，确保与施工图纸中的要求一致后，将电缆盘及电缆敷设所需的机工具运至敷设现场，用电缆敷设专用架进行敷设。

（2）在电缆支架上敷设电缆时，电力电缆与控制电缆尽可能分开或分隔敷设，且从上到下的排列顺序一般为从高压到低压，从强电到弱电，从主回路到次要回路，同一层托架电缆排列以少交叉为原则，不同单元的电缆应尽量分开放置。

（3）电缆进入电缆沟、隧道、竖井、建筑物盘柜及穿入管子时，出口应封闭，管口应密封。

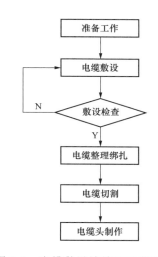

图 3-9 电缆敷设施工工艺流程

（4）将电缆头拉上支架并由一人专门负责牵引电缆头，施工人员依照指挥口令协调一致地拉动电缆，严禁步调不一致地进行拉动，造成电缆损坏。电缆敷设时，电缆各支持点间的距离及电缆的最小弯曲半径应符合规范要求。

（5）当电缆头到达终点后，应先根据电缆的具体接线位置留出合适的长度，对于未给出具体位置的电缆应预留至最远端子的长度，再固定电缆在盘内或设备出口的位置，然后是盘或导管到桥架之间的固定。注意：除应保证盘下的电缆弧度能够满足电缆的弯曲半径要求外，还应适当地留一点裕度，以保证终端不合格切除后仍能重新做电缆终端。

（6）每敷设完一根电缆，立即从电缆端头将电缆按顺序依次放到电缆支架上，并保证电缆的整齐美观。在电缆敷设完成后，再进行一次统一整理。电缆之间避免交叉，同时注意电缆弯曲半径符合规定。当电缆支架宽度不够时，相同规格型号、相同起止点的电缆可以重叠布放。

（7）电缆在敷设过程中需要分阶段进行整理，并经质检部门验收后再进行下一阶段的敷设工作。整理的重点应放在盘柜进口处的一段，避免电缆的交叉错层，同一层内的电缆不扭曲、不交叉，使整理固定后的电缆整齐、美观。电缆敷设完成后，经甲方、监理公司、项目部质检部门、质检员及施工负责人共同检查验收签字后，将电缆沟内清理干净后盖好盖板。

（8）在电缆整理完毕后，对电缆进行绑扎、挂牌。电缆除了在终端头、拐弯处等要绑扎及挂牌外，还需每隔 5m 交叉绑扎一次，转弯和穿管进出口处挂电缆牌。电缆牌内容包括电缆编号、电缆型号规格、电缆长度、电缆起止点等信息。

（9）电缆敷设后或在接线前应该对电缆进行绝缘检查，避免人力和材料的浪费。

电缆敷设过程中常用的技术表格有电缆清册（见表 3-8）、电缆日检敷设记录（见表 3-9）和电缆跟踪记录（见表 3-10）。

表 3-8

电 缆 清 册

序号	电缆编号	起点	终点	设计型号	设计长度	实际长度	路径	完成时间	施工负责人

表 3-9

电 缆 日 检 敷 设 记 录

序号	电缆编号	起点	终点	设计型号	起点标尽	终点标尽	电缆轴号	长度	路径	完成时间	施工负责人

表 3-10

电 缆 跟 踪 记 录

质保书编号	电缆轴号	电缆规格型号	电缆总长	剩余电缆长度	最终去向
<center>使用情况</center>					
序号	电缆编号	电缆绝缘	电缆长度	敷设时间	备注
1					
2					

4. 电缆接线施工方案

（1）施工工艺流程。

电缆接线施工工艺流程如图 3-10 所示。

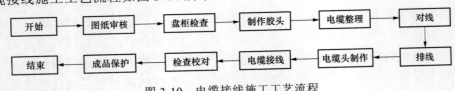

图 3-10　电缆接线施工工艺流程

（2）动力电缆接线主要施工方案。

1）制作电缆终端和接头前，应熟悉安装工艺资料，做好检查，电力电缆接地线应采用铜绞线或镀锡铜编织线。电缆线芯截面在 120mm^2 及以下时，接地线截面不小于 16mm^2；

电缆线芯在 150mm^2 及以上时，接地线截面为 25mm^2，并应符合设计规定。

2）电力电缆终端制作时，应严格遵守工艺规程及说明书的要求。在室外制作 10kV 电缆终端头时，其空气相对湿度宜为 70% 以下，当相对湿度大时，可提高环境温度或加热电缆。高压电缆终端头施工时，应搭设临时防护棚，环境温度应严格控制，宜为 10~30℃。制作塑料绝缘电力电缆终端头时，应防止尘埃杂物落入绝缘内，且严禁在雨雾中施工。

3）制作电缆终端头，从剥切电缆开始应连续操作直至完成，缩短绝缘暴露时间。附加绝缘的包绕、装配、热缩等应清洁。

4）塑料绝缘电缆在制作终端头和接头时，应彻底清除半导体屏蔽层，电缆线芯连接时，应除去线芯和连接管内壁油污及氧化层。压接模具与金具应配合恰当。压接后应将端子或连接管上的凸痕修理光滑，不得残留毛刺。

5）三芯电力电缆接头两侧电缆的金属屏蔽层、铠装层应分别连接良好，不得中断，跨接线的截面不应小于电缆头接地线的截面。直埋电缆接头的金属外壳及电缆的金属护层应做防腐处理。

6）三芯电力电缆终端头的金属护层必须接地良好，塑料电缆每相铜屏蔽和钢铠应用锡焊接地线，电缆通过零序电流互感器时，电缆金属保护层和接地线应对地绝缘。电缆接地点在互感器以下时，接地线应直接接地；接地点在互感器以上时，接地线应穿过互感器接地。

（3）控制电缆接线主要施工方案。

1）控制电缆头制作。控制电缆头制作安装时，做头位置整齐划一，应在同一直线上的线号管采用适合电缆芯截面的白色 PVC 管，号码用专用打号机打印，保证长度相同，字迹清晰不褪色，省时省力，美观统一。

2）屏蔽电缆头制作。以盘内电缆为例，首先将盘内的电缆按图纸位置排列整齐，然后根据盘内的空间确定电缆头的安装高度，将盘内的电缆按统一高度在外皮上划线定位，确保电缆头的安装高度一致。将电缆外皮剥去，内部的绝缘物、保护层等清理干净，保留好电缆的总屏、分屏蔽线，将总屏蔽线及所有分屏蔽线在根部聚合，并绕成一股，然后穿入一根比屏蔽线稍短的、外径略大的、韧性好的透明塑料管内。屏蔽线从电缆头的下部引出，并隐蔽在电缆的后面。

3）电缆线芯绑扎及接线。

①电缆线芯在成束绑扎前必须进行调直，电缆的线芯束绑扎成圆柱形，线束结实无松动。

②线芯在接入端子前需要预留一定的长度，在端子排前的弯曲弧度一致，线芯间距排列均匀美观。

③严格按照设计图施工，接线正确。

④导线与元件之间采用螺栓连接，插接、焊接或压接等均应牢固可靠。盘柜内的导线不应有接头，导线线芯无损伤。

⑤电缆的屏蔽线芯单独绑扎成束，在端部压接接线子后统一接到专用的接地部位，同时套上标有电缆编号的端子号头。

⑥接入端子的线芯号头排列整齐，号头的朝向统一。

⑦每个接线端子的接线宜为一根，不得超过两根。对于插接式端子，不同截面的两根导线不得接在同一端子上；对于螺栓连接端子，当两根导线时，中间加平垫。

⑧配线正确、整齐、清晰、美观，导线绝缘良好、无损伤。

⑨电缆端子号头一律使用 PVC 管，并用电子打号机打号，保证字迹清晰一致，不脱落。

⑩电缆牌采用 PVC 白色塑料牌，用专用的打牌机打印，标牌为白色、规格为 30mm×70mm，字体为黑色，电缆牌安装高度一致，每根电缆挂一个。

⑪为使接线正确率达到 100%，在接线前必须进行校线，在接线后进行复校。

⑫调试人员进行查线、静态试验后　对设备的接线及时进行修复和整理。

（三）接地装置安装

1. 施工工艺流程

接地装置施工工艺流程如图 3-11 所示。

图 3-11　接地装置工工艺流程

2. 接地装置施工注意事项

（1）防雷接地工作的开展和施工进度需要同建筑专业密切配合。

（2）应充分利用自然接地体，如金属管道、钢架、电缆支桥架、柱体钢筋等进行接地。

（3）在施工中还要注意保护接地装置的电气连续性，避免因开挖或其他施工等原因造成对已敷设完工的接地装置的破坏。

（4）如果施工结束后，实测接地电阻大于设计要求，则可考虑扩大接地网面积或增加降阻剂等方式来达到设计要求。

3. 接地装置施工方法

（1）地下接地装置施工。由于接地工作的特殊性、灵活性及施工现场的各种不确定因素，针对不同的区域，应根据设计施工图，并结合现场实际情况采取不同的施工方法，并且应该充分利用自然接地体，如金属管道、设备钢架、电缆沟道内的预埋扁钢、电缆支桥架、电缆保护管及电缆的金属外皮等，并至少要有两根导体在不同的地点与主网连接，在施工中还要注意保护自然接地体的电气连续性。但是，不管采用何种施工方法，其接地装置都应尽可能地敷设在原始地貌层的土壤中。

（2）一般接地装置的敷设。在土建完成建筑±0m 以下基础施工之后、回填之前，由承包方根据设计施工图并结合现场实际情况进行。敷设完接地装置，并经业主、监理单位验收、签证后，土建即可进行全面回填。对于远离主接地网的厂房或建筑的接地装置，通过其就近的电缆沟道的埋铁、水管等与主接地网相接。屋外接地网的埋深不小于−0.8m。

（3）厂房区域的接地装置施工。在敷设完接地装置，并经相关单位或部门验收、签证后，要求建筑回填一层不影响其辅机基础可靠性的优质土。覆盖接地装置后，土建即可进行全面回填。

（4）室内接地干线施工。屋内接地干线均采用−25mm×4mm 的热镀锌扁钢。室内沿墙敷设的接地干线离地坪高度为 0.25～0.3m，每隔 1.5～2m 固定一次，接地线与建筑物墙壁间应有 10～15mm 的间隙。室内接地干线在地坪上敷设时，应在地坪抹灰前沿敷设路径间隔 1.5～2m 打膨胀螺栓固定一次，然后将接地线焊接在膨胀螺栓上，抹面后，使接地线高出 2mm。

4. 设备接地施工

（1）变压器中性点接地引下线采用 40mm×4mm 的镀锌扁钢，其他电气设备采用 25mm×4mm 的镀锌扁钢。

（2）设备接地还应该根据设备的具体情况采用焊接或者螺接，并充分应用自然接地体，如电缆管等。

5. 与其他专业的配合

（1）全厂防雷接地工作的开展和施工进度需要同建筑部分密切配合并及时沟通。

（2）已敷设的接地装置需要其他施工部门予以保护，尽量避免因开挖或其他施工等原因造成对已敷设完工的接地装置的损坏。

第三节　主要施工规范及要求

一、开工前应具备条件

（1）在工程开始施工之前，项目承包单位应取得相关的施工许可文件。

（2）开工所必需的施工图应通过会审，设计交底应完成，施工组织设计及重大施工方案应已审批，项目划分及质量评定标准应确定，工程定位测量基准应确立。

（3）设备和材料的规格应符合设计要求，不得在工程中使用不合格的设备和材料。

（4）进场设备和材料的合格证、说明书、测试记录、附件、备件等均应齐全。

（5）设备和器材的运输、保管应规范；当产品有特殊要求时，应满足产品要求的专门规定。

二、土建工程

（一）一般规定

（1）土建工程的施工应按《建筑工程施工质量验收统一标准》（GB 50300—2013）的相关规定执行。

（2）测量放线工作应按《工程测量规范（附条文说明）》（GB 50026—2007）的相关规定执行。

（3）土建工程中使用的材料进厂时，应对品种、规格、外观和尺寸进行验收，材料包装应完好，应有产品合格证书、中文说明书及相关性能的检测报告。

（二）土方工程

土方工程的施工应执行《建筑地基基础工程施工质量验收规范》（GB 50202—2018）的相关规定。

（三）支架基础

（1）混凝土独立基础、条形基础的施工应按照《混凝土结构工程施工质量验收规范》（GB 50204—2015）的相关规定执行。

（2）基础混凝土浇筑完成，进行覆盖和运水车洒水养护，3 天后可以拆模及回填。基础拆模后，应对外观质量和尺寸偏差进行检查，并及时对缺陷进行处理。

（3）外露的金属预埋件应进行防磨处理。

（4）在同一支架基础混凝土浇筑时，宜一次浇筑完成，混凝土浇筑间歇时间不应超过混凝土初凝时间，超过混凝土初凝时间应做施工缝处理。混凝土浇筑完毕后，应及时采取有效的保护措施。

（5）支架基础在安装支架前，混凝土养护应达到 70%强度。

（6）支架基础的混凝土施工应根据与施工方式相一致的且便于控制施工质量的原则，按工作班次及施工段划分为若干检验批次。

（7）预制混凝土基础不应有影响结构性能、使用功能的尺寸偏差，对超过尺寸允许偏差且影响结构性能、使用功能的部位，应根据技术处理方案进行处理，并重新检查验收。

（四）屋面支架基础施工要求

（1）支架基础的施工不应损坏建筑物主体结构及防水层。

（2）新建屋面的支架基础宜与主体结构一起施工。

（3）采用钢结构作为支架基础时，屋面防水工程施工应在钢结构支架施工前结束，钢结构支架施工过程中不应破坏屋面防水层。

（4）对原建筑物防水结构有影响时，应根据防水结构重新进行防水处理。

（5）接地的扁钢、角钢均应进行防腐处理。

（6）屋顶分布式光伏发电系统基础根据屋顶形式的不同，主要分为夹具固定式基础和配重块基础两种。对于混凝土屋面，采用最佳倾角安装的系统，需参照《建筑结构荷载规范》（GB 50009—2012）和《光伏电站设计规范》（GB 50797—2012）考虑足够的配重，确保对于配重压块的设计满足恒载荷与风载荷等荷载组合的要求。

三、场地及地下设施

（1）电缆沟的预留孔洞应做好防水措施。

（2）电缆沟道变形缝的施工应严格控制施工质量。

（3）室外电缆沟盖板应做好防水措施。

四、支架安装

采用现浇混凝土支架基础时，应在混凝土强度达到设计强度的 70%后进行支架安装。

（一）支架到场后应做检查

（1）外观及防涂层应完好无损。

（2）型号、规格及材质应符合设计图纸要求，附件、备件应齐全。

（3）对存放在滩涂、盐碱等腐蚀性强的场所的支架应做好防腐蚀工作。

（4）支架安装前，安装单位应按照中间交接验收签证书的相关要求对基础及预埋件（预埋螺栓）的水平偏差和定位轴线偏差进行查验。

（二）固定式支架及手动可调支架的安装规定

（1）采用型钢结构的支架，其紧固度应符合设计图纸要求及《钢结构工程施工质量验收规范》（GB 50205—2001）的相关规定。

（2）支架安装过程中不应强行打孔，不应气割扩孔。对热镀锌材质的支架，现场不宜打孔。

（3）支架安装过程中不应破坏支架防腐层。

（4）手动可调式支架调整动作应灵活，高度角调节范围应满足设计要求，支架倾斜角度偏差度不应大于±1°。

（5）支架及支架安装的抗风设计应符合《建筑结构荷载规范》（GB 5009—2012）的要求。

五、光伏组件安装

（1）光伏组件应按照设计图纸的型号、规格和使用说明书进行安装，组件间的线缆选择需考虑开路电压和短路电流在不同环境温度和辐照度下的安全系数（通常是开路电压或短路电流乘以系数 1.25）。

（2）光伏组件固定螺栓的力矩值应符合产品或设计文件的规定。

（3）各组件应对整齐并成一直线，倾角必须符合设计要求，构件连接螺栓必须加防松垫片并拧紧。

（4）安装光伏组件时，应轻拿轻放，防止硬物刮伤和撞击表面玻璃。组件在基架上的安装位置及接线盒排列方式应符合施工设计规定。

（5）组件固定面与基架表面不吻合时，应用铁垫片垫平后方可紧固连接螺丝，严禁用紧拧连接螺丝的方法使其吻合，固定螺栓应加防松垫片并拧紧。

（6）按设计的串接方式连接光伏组件电缆，插接要紧固，引出线应预留一定的余量。

六、汇流箱安装

（1）汇流箱安装位置应符合设计要求，支架和固定螺栓应为防锈件。

（2）汇流箱安装的垂直偏差应小于 1.5mm。

（3）汇流箱内光伏组件串的电缆接引前，必须确认光伏组件侧和逆变器侧均有明显断开点。

七、逆变器安装

（1）采用基础型钢固定的逆变器，逆变器基础型钢安装的允许偏差应符合表 3-11 的规定。

（2）基础型钢安装后，其顶部宜高出抹平地面 10mm，基础型钢应有明显的可靠接地。

（3）逆变器的安装方向应符合设计规定。

（4）逆变器与基础型钢之间固定应牢固可靠。

表 3-11 逆变器基础型钢安装允许偏差

项　目	允　许　偏　差	
	mm/m	mm/全长
不直度	<1	<3
水平度	<1	<3
位置误差及不平行度	—	<3

（5）应根据安装使用说明书安装必要的过电流保护装置和隔离开关。

八、电气二次系统

（1）二次设备、盘柜安装及接线除应符合《电气装置安装工程 盘、柜及二次回路接线施工及验收规范》（GB 50171—2012）的相关规定外，还应符合设计要求。

（2）通信、远动、综合自动化、计量等装置的安装应符合产品的技术要求。

（3）安防监控设备的安装应符合现行国家标准《安全防范工程技术标准》（GB 50348—2018）的相关规定。

九、其他电气设备安装

（1）高压电器设备的安装应符合《电气装置安装工程 高压电器施工及验收规范》（GB 50147—2010）的相关规定。

（2）电力变压器和互感器的安装应符合《电气装置安装工程 电力变压器、油浸电抗器、互感器施工及验收规范》（GB 50148—2010）的相关规定。

（3）母线装置的施工应符合《电气装置安装工程 母线装置施工及验收规范》（GB 50149—2010）的相关规定。

（4）低压电器的安装应符合《电气装置安装工程 低压电器施工及验收规范》（GB 50254—2014）的相关规定。

（5）环境监测仪等其他电气设备的安装应符合设计文件及产品的技术要求。

十、防雷与接地

（1）光伏发电项目防雷系统的施工应按照设计文件的要求进行。

（2）光伏发电项目接地系统的施工工艺及要求除应符合《电气装置安装工程 接地装置施工及验收规范》（GB 50169—2016）的相关规定外，还应符合设计文件的要求。

（3）屋顶光伏系统的金属支架应与建筑物接地系统可靠连接或单独设置接地。

（4）带边框的光伏组件应将边框可靠接地；不带边框的光伏组件，其接地做法应符合设计要求。

（5）盘柜、汇流箱及逆变器等电气设备的接地应牢固可靠，导通良好，金属盘门应用裸铜软导线与金属构架或接地排可靠接地。

（6）光伏发电站的接地电阻阻值应满足设计要求。对于上人屋顶，接地电阻应≤4Ω；对于非上人屋顶，接地电阻应≤10Ω。

十一、架空线路及电缆

（1）架空线路的施工应符合《电气装置安装工程 66kV 及以下架空电力线路施工及验收规范》（GB 50173—2014）的有关规定。

（2）电缆线路的施工应符合《电气装置安装工程 电缆线路施工及验收规范》（GB 50168—2006）的相关规定。

电缆在安装前，应仔细对图纸进行审查、核对，确认到场的电缆规格是否满足设计要求，施工方案中的电缆走向是否合理，电缆是否有交叉现象。应根据设计资料及具体的施工情况，编制详细的电缆敷设程序表，明确规定每根电缆安装的先后顺序。

电缆运达现场后，应严格按规格分别存放，严格遵守领用制度，以免混用。

电缆敷设时，对所有电缆的长度应做好登记，动力电缆应尽量减少中间接头，控制电缆做到没有中间接头。对电缆容易受损伤的部位，应采取保护措施。对于直埋电缆，应每隔一定距离制作标识。

电缆敷设完毕后，保证整齐美观，进入盘内的电缆其弯曲弧度应一致，对进入盘内的电缆及其他必须封堵的地方应进行防火封堵，在电缆集中区设有防鼠杀虫剂及灭火设施。

（3）架空线路及电缆的施工还应符合设计文件中的相关要求。

十二、计量装置安装

（一）电能表安装要求

（1）电能表应安装在电能计量柜或计量箱内，不得安装在活动的柜门上。

（2）电能表应垂直安装，所有的固定孔须采用螺栓固定，固定应采用螺纹孔或其他方式，确保单人工作时能在柜（箱）正面紧固螺栓。表中心线向各方向的倾斜不大于1°。

（3）电能表端钮盒的接线端子，应以"一孔一线""孔线对应"为原则。

（4）三相电能表应按正相序接线。

（5）电能表应安装在干净、明亮的环境下，便于拆装、维护和抄表。

（二）计量箱安装及接线要求

（1）计量箱的安装接线必须严格执行《电能计量装置安装接线规则》（DL/T 825—2002）的要求。

（2）计量箱的形式（包括外形尺寸）应适合使用场所的环境条件，保证使用、操作、测试等工作的安全、方便。

（3）一次负荷连接导线要满足实际负荷要求，导线连接处的接触及支撑要可靠，保证与计量及其他设备、设施的安全距离，防止相间短路或接地。

（4）安装接线后的孔洞、空隙应用防鼠泥严密封堵，以防鼠害及小动物进入箱体。

（三）调试及检查

（1）现场安装和系统流程完成后，通过查看采集终端系统是否有登录信号、召测参数是否成功来判断采集设备是否上线。

（2）启动用电负荷，检查双向电能表、单向电能表运行是否正常；测量电源测、并网点、发电侧电压是否正常等。

（3）按要求对电能表及计量箱加装封铅封印，并要求用户签认电能表封印完好表。

十三、特殊气象条件下的施工措施

（一）暴雨季节施工措施

（1）现场总平面布置，应考虑生产、生活临建设施、施工现场、基础等排水措施。

（2）雨季前，应做好排洪准备，施工现场排水系统应完整畅通。做好道路维护，保证运输畅通。

（3）加强施工物资的储存和保管，在库房四周设排水沟且要疏通，配置足够量的防雨材料，满足施工物资的防雨要求及雨天施工的防雨要求，防止物品因淋雨浸水而变质。

（二）高温季节施工措施

（1）在高温季节，混凝土浇筑温度不得高于28℃。合理地分层分块，采用薄层浇筑，并尽量在低温时段或夜间浇筑；

（2）尽量选用低水化热水泥，优化混凝土配合比，掺优质复合外加剂、粉煤灰等，降低单位体积混凝土中的水泥用量，并掺加适量的膨胀剂。

（三）冬季施工措施

冬季施工要做好防滑防冻措施。为保证工程质量，拟尽量避免冬季施工。如无法避免，拟采用下列措施。

1. 混凝土的防冻措施

（1）搅拌过程的防冻措施。冬季混凝土施工，如果气温低于5℃，在混凝土的搅拌过程中，采取热水搅拌并在混凝土中加入防冻剂和早强剂，人为提高混凝土的入仓温度，从而保证混凝土在恶劣的气候情况下不受损伤。热水温度控制在40℃左右，保证混凝土的出罐温度大于10℃；防冻剂的掺量按规范进行，并在施工前进行试配。

（2）运输过程中的防冻措施。混凝土从拌合站集中搅拌、罐车运输直至入仓需要一段时间，为减少混凝土在浇筑及运输过程中的热量损失，应尽量缩短混凝土的运输时间及在空气中的停放时间，要求施工前做好充分准备。减少混凝土罐车运输数量，增加运输次数。现场混凝土及时入仓。

（3）混凝土浇筑及养护过程中的防冻措施。混凝土在浇筑过程中必须保证新老混凝土接触面的温度在2℃以上，当新老混凝土接触面的温度小于2℃时，必须采取升温措施。可采用碘钨灯烘烤仓面，并在混凝土浇筑一段后及时用麻袋覆盖，以保证混凝土的表面温度不急速下降。

2. 钢结构工程的冬期施工

（1）钢结构施工时除编制施工组织设计外，还应对取得合格焊接资格的焊工进行负温下焊接工艺的培训，经考试合格后，方可参加负温下钢结构施工。

（2）在焊接时针对不同的负温下结构焊接用的焊条、焊缝，在满足设计强度前提下，应选用屈服强度较低，冲击韧性较好的低氢型焊条，重要结构可采用高韧性超低氢型焊条。

3. 钢结构安装

（1）编制安装工艺流程图，构件运输时要清除运输车箱上的冰、雪，应注意防滑垫稳；构件外观检查与矫正；负温下安装作业使用的机具、设备使用前应进行调试，必要时低温下试运转，发现问题及时修整。

（2）负温下安装用的吊环必须用韧性好的钢材制作，防止低温脆断。

第四节　并网检查与测试

一、并网检测要求及内容

为减少光伏发电并网对电网安全运行带来的影响，同时提升光伏并网发电稳定运行，在分布式光伏并网前应严格按照相关规定进行竣工检验并进行传动检测，确保相关保护和设备的可靠动作。

（一）并网检测重点要求

（1）光伏发电并网报验时应提供并网断路器和逆变器等特性测试报告，测试单位应具备相应资质，验收人员在现场竣工检验前首先对试验报告进行查验。

（2）竣工检验时应重点测试并网开关和逆变器的相应功能是否满足国家规定的相关技术要求和现场安全技术要求。

（3）竣工检验时应查验上网计量电能表和并网计量电能表的接线是否满足正确计量的要求，以及计量柜（箱）的封印。

（4）竣工检验时应查验并网柜（箱）的接地装置、接地电阻和接地排连接是否满足相关要求。

（二）并网检测重点内容

对光伏并网用户的设备检测应按照国家和行业对分布式光伏并网运行的相关标准或规定进行，重点检测内容主要有以下几点。

1. 防孤岛保护检测

逆变器的低电压跳闸和防孤岛保护是确保电网失电后光伏发电系统可靠离网的重要保护措施，所以首先应查验检测报告的结论是否合格，以及保护动作时间是否符合国家的相关规定。逆变器的离网时间国家规定动作时间应不大于 2s，但是防孤岛保护的跳闸时间一般只有 0.2s 左右；低电压跳闸时间应按照国家规定的电压大小来核对跳闸时间。逆变器的保护功能一般采用拉开并网开关来实现检测判断。

2. 并网开关跳闸功能检测

国家和行业标准中对并网开关的低电压、失压保护的功能和时间进行了专门的规定，其作用是除逆变器保护功能外的第二套确保电网和光伏系统的安全保护。一般 10kV 用户的光伏并网项目均安装在并网柜上，居民光伏的并网开关安装在并网计量箱内，其检测手段为拉开并网柜电网侧的开关来检测并网开关是否能够正确跳闸。低电压不同电压下的跳闸时间一般在现场很难实现检测判断，如果必须测试，则需要通过专用的检测设备来实现。

3. 计量装置正确性检测

电能表计量正确性直接影响到光伏发电项目的正确结算，所以现场计量装置的检验检测是竣工检验的重要部分。未送电前，首先得查验计量装置接线的正确性，上网电能表的接线应保证上网电量为反向电量，并网点计量的接线应保证发电量为正向电量。在无电检测正确的基础上，待光伏并网后再观察电能表的电流、电压和象限是否在正确运行状态。

4. 接地装置和接地电阻检测

进线、出线对地电阻应大于 10MΩ，无碰壳现象；光伏组件、并网柜、并网计量箱、浪涌保护应可靠接地；现场应对部分重要接地部分采用绝缘电阻表进行抽检测试，接地电阻不应大于 10MΩ（或符合设计要求）。重要设备还需要两点接地，接地排连接应采用焊接，接触面应符合规程的要求。

5. 低压穿越能力检测

分布式光伏提供与现场型号一致的并网逆变器低压穿越试验报告。分布式光伏并网点电压跌至 0 时，分布式光伏应不脱网连续运行 0.15s；并网点电压跌至 20% 额定电压时，能够保证不脱网连续运行 0.475s；并网点电压在发生跌落后 2s 内能够恢复到额定电压的 90% 时，能够保证不脱网连续运行。低压穿越期间，分布式光伏应提供动态无功支撑。

6. 光伏并网谐波的检测

光伏发电必须通过逆变装置的转换才能并入公共电网。然而，逆变装置会给电网带来电力谐波，使功率因数恶化、电压波形畸变和增加电磁干扰，可能引起保护装置误动作，影响电力系统安全和继电保护的可靠性。因此，在光伏并网发电系统中，必须对系统中的谐波进行测量、分析与抑制。

依据《电磁兼容 限值 谐波电流发射限值（设备每相输入电流≤16A）》（GB 17625.1—2012），设备每相输入电流 I≤16A，这样就可以对低压电气电子产品注入供电系统的总体谐波电流水平加以限制。GB/T 14549 中考虑了不同谐波源叠加计算的方法，规定了各级电网电压谐波总畸变率容许值：0.38kV 等级的不大于 5%；6～10kV 等级的不大于 4%；35kV 的不大于 3%。

在电能质量分析中，谐波电流的检测方法有很多，包括脉宽调制法、隔离变压器法、加装静止无功补偿装置、防止并联电容器组对谐波的放大、增加换流装置的相数或脉冲数、无源滤波和有源滤波方法等。

二、电气设备检查

在安装期间必须检查关键电气设备的子系统和部件，对于增设或更换的现有设备，需要检查其是否符合 GB/T 16895 标准，并且不能损害现有设备的安全性能。

通过目测和感知器官检查电气设备的外观、结构、标识和安全性是否满足 GB/T 16895 要求。

（一）直流系统检查

直流系统的检查包含如下项目：

（1）直流系统的设计、说明与安装是否满足《低压电气装置 第 5-52 部分：电气设备的选择和安装 布线系统》（GB/T 16895.6—2014）要求，特别要满足《建筑物电气装置 第 7-712 部分：特殊装置或场所的要求 太阳能光伏（PV）电源供电系统》（GB/T 16895.32—2008）要求。

（2）在额定情况下所有直流元器件能够持续运行，并且在最大直流系统电压和最大直流故障电流下能够稳定工作。开路电压的修正值根据当地的温度变化范围和组件本身性能确定；根据《建筑物电气装置　第 7-712 部分：特殊装置或场所的要求　太阳能光伏（PV）电源供电系统》（GB/T 16895.32—2008）规定，故障电流为短路电流的 1.25 倍。

（3）在直流侧保护措施采用 II 类或等同绝缘强度，应满足 GB/T 16895.32 要求。

（4）光伏组串电缆、光伏方阵电缆和光伏直流主电缆的选择与安装应尽可能降低接地故障和短路时产生的危险，应满足 GB/T 16895.32 要求。

（5）配线系统的选择和安装要求能够抵抗外在因素的影响，如风速、覆冰、温度和太阳辐射，应满足 GB/T 16895.32 要求。

（6）对于没有装设组串过电流保护装置的系统，组件的反向额定电流值（I_r）应大于可能产生的反向电流，同样组串电缆载流量应与并联组件的最大故障电流总和相匹配。

（7）对于装设了过电流保护装置的系统，应检查组串过电流保护装置的匹配性，并且根据 GB/T 16895.32 关于光伏组件保护说明来检查制造说明书的正确性和详细性。

（8）直流隔离开关的参数是否与直流侧的逆变器相匹配，应满足 GB/T 16895.32 要求。

（9）阻塞二极管的反向额定电压至少是光伏组串开路电压的两倍，满足 GB/T 16895.32 要求。

（10）如果直流导线中有任何一端接地，应确认在直流侧和交流侧设置的分离装置，而且接地装置应合理安装，以避免电气设备腐蚀。

检查直流系统需要依据最大系统电压和电流。最大系统电压是建立在组串/方阵设计之上的，组件开路电压（U_{oc}）与电压温度系数及光照辐射变化有关；最大故障电流是建立在组串/方阵设计之上的，组件短路电流（I_{sc}）与电流温度系数及光照辐射变化有关，满足 GB/T 16895.32 要求。

组件生产商一般不提供组件反向额定电流（I_r）值，该值视为组件额定过电流保护的 1.35 倍。

根据《光电（PV）模件安全合格鉴定　第 1 部分：施工要求》（IEC 61730-1：2004）标准，要求由生产商提供组件额定过电流保护值。

（二）光伏组件检查

光伏组件检查应包括如下项目：

（1）光伏组件必须选用按 IEC 61215、《薄膜地面光伏（PV）模块　设计鉴定和定型》（IEC 61646：2008）或 IEC 61730 的要求通过产品质量认证的产品。

（2）材料和元件应选用符合相应的图纸和工艺要求的产品，并经过常规检测、质量控制与产品验收程序。

（3）组件产品应是完整的，每个太阳电池组件上的标志应符合 IEC 61215 或 IEC 61646 中第 4 章的要求，标注额定输出功率（或电流）、额定工作电压、开路电压、短路电流；有合格标志；附带制造商的储运、安装和电路连接指示。

（4）组件互连应符合方阵电气结构设计。

（5）对于聚光型光伏发电系统，聚光光伏型组件必须要选用按《集中器光电（CPV）模块和组件　设计鉴定和型式认可》（IEC 62108—2007）的要求通过产品质量认证的产品；材料和元件应选用符合相应的图纸和工艺要求的产品，并经过常规检测、质量控制与产品验收程序。组件产品应是完整的，每个聚光光伏组件上的标志应为额定输出功率（或电流）、额定工作电压、开路电压、短路电流；有合格标志；附带制造商的储运、安装和电路连接指示。

（三）汇流箱检查

汇流箱检查应包括如下项目：

（1）产品质量应安全可靠，通过相关产品质量认证。

（2）室外使用的汇流箱应采用密封结构，设计应能满足室外使用要求。

（3）采用金属箱体的汇流箱应可靠接地。

（4）采用绝缘高分子材料加工的，所选用材料应有良好的耐候性，并附有所用材料的说明书、材质证明书等相关技术资料。

（5）汇流箱接线端子设计应能保证电缆线可靠连接，应有防松动零件，对既导电又作紧固用的紧固件，应采用铜质零件。

（6）各光伏支路进线端及子方阵出线端，以及接线端子与汇流箱接地端绝缘电阻应不小于 1MΩ（DC500V）。

（四）直流配电柜检查

在较大的光伏方阵系统中应设计直流配电柜，将多个汇流箱汇总后输出给并网逆变器柜，检查项目如下：

（1）直流配电柜结构的防护等级设计应能满足使用环境的要求。

（2）直流配电柜应进行可靠接地，并具有明显的接地标识，设置相应的浪涌吸收保护装置。

（3）直流配电柜的接线端子设计应能保证电缆线可靠连接，应有防松动零件，对既导电又作紧固用的紧固件，应采用铜质材料。

（五）连接电缆检查

连接电缆检查应包括如下项目：

（1）连接电缆应采用耐候、耐紫外辐射、阻燃等抗老化的电缆。

（2）连接电缆的线径应满足方阵各自回路通过最大电流的要求，以减少线路的损耗。

（3）电缆与接线端应采用连接端头，并且有抗氧化措施，连接紧固无松动。

（六）触电保护和接地检查

1. 检查的主要内容

（1）B 类漏电保护：漏电保护器应确认能正常动作后才允许投入使用。

（2）为了尽量减少雷电感应电压的侵袭，应可能地减少接线环路面积。

（3）光伏方阵框架应对等电位连接导体进行接地。等电位体的安装应把电气装置外露的金属及可导电部分与接地体连接起来。所有附件及支架都应采用导电率至少相当于截面为 $35mm^2$ 铜导线导电率的接地材料和接地体相连，接地应有防腐及降阻处理。

（4）光伏并网系统中的所有汇流箱、交直流配电柜、并网功率调节器柜、电流桥架应保证可靠接地，接地应有防腐及降阻处理，接地电阻应符合规程要求。

2. 接地电阻测试方法

（1）拆除接地引下线连接。

拆除光伏组件的接地引下线，使接地引下线与接地体保持断开状态。

（2）绝缘电阻表接线。

1）把接地棒与仪表的 E 接线端连接，在距接地体 20m 处插入点位探针 P，在距接地体 40m 处插入电流探针 C，并使接地体、P 和 C 在一条直线上。

2）将探针 P 和 C 与仪器相应端子用测试导线连接，电流和电压极的引线之间保持 1m 以上的距离，并检查接触良好。

3）测试接线方向不应与接地体同向。

4）接地电阻测试接线如图 3-12 所示。

（3）接地电阻测试。

1）将"倍率标度"置于最大倍数，慢慢绝缘电阻表的摇把，同时旋动"测量标准盘"，使检流计的指针指于中心线。

2）当检流计的指针接近平衡（指针停在中心红线外）时，再加快摇动转速使其达到 120r/min，并同时调整"测量标度盘"，使指针稳定地指于中心线上。

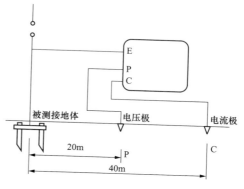

图 3-12　接地电阻测试接线

3）如果"测量标度盘"的读数小于 1，应将"倍率标度"置于较小的倍数，再重新调整"测量标度盘"。

4）用"测量标度盘"的读数乘以"倍率标度"的倍数，即为所测的接地电阻值。

（4）测试注意事项。

1）测量接地电阻，一般需要重复进行 3 次以上，最后取其中 3 个相近值计算出平均值，作为测量结果。

2）仪表测量值还应乘以季节系数，如土壤比较干燥，则采用表 3-12 中的较小值；如土壤比较潮湿，则应该采用表 3-12 中的较大值。

表 3-12　　　　　　　　　　　接地电阻季节系数

埋深/m	季节系数	
	水平接地体	2～3m 的垂直接地体
0.5	1.4～1.8	1.2～1.4
0.8～1.0	1.25～1.45	1.15～1.3

（七）交流系统检查

光伏系统交流部分的检验包含下列项目：

（1）在逆变器的交流侧应有绝缘保护。

（2）所有的绝缘和开关装置功能正常。

（3）逆变器保护。

（八）并网逆变器检查

逆变器是光伏系统的主要设备，逆变器的质量直接影响电站的运行，应选用通过认证的产品。

（九）交流配电柜检查

交流配电柜是指在光伏系统中实现交流/交流接口、部分主控和监视功能的设备。交流配电设备容量的选取应与输入的电源设备和输出的供电负荷容量匹配。交流配电设备主要特征参数包括标称电压和标称电流。

三、系统运行检查

（一）测量显示

逆变设备应有主要运行参数的测量显示和运行状态的指示。参数测量精度应不低于 1.5 级。测量显示参数至少包括直流输入电压、输入电流，交流输出电压、输出电流，功率因数；状态指示显示逆变设备状态（运行、故障、停机等）。显示内容为直流电流、直流电压、直流功率、交流电压、交流电流、交流频率、功率因数、交流发电量、系统发电功率、系统发电量、气温、日射量等。状态显示主要包括运行状态、异常状态、解列状态、并网运行、应急运行、告警内容代码等。

（二）数据存储与传输

并网光伏发电系统须配置数据采集系统，能够采集系统的各类运行数据，并按规定的协议通过 GPRS/CDMA 无线通道、电话线路或 Internet 公众网上传。

（三）交（直）流配电设备保护功能

交（直）流配电设备至少应具有如下保护功能：

（1）输出过载、短路保护。

（2）过电压保护（含雷击保护）。

（3）漏电保护功能。

（四）标签与标识

光伏系统标签与标识的检查至少应包含如下项目：

（1）所有的电路、开关和终端设备都必须粘贴相应的标签。

（2）所有的直流接线盒（光伏发电和光伏方阵接线盒）必须粘贴警告标签，标签上应说明光伏方阵接线盒内含有源部件，并且当光伏逆变器和公共电网脱离后仍有可能带电。

（3）交流主隔离开关要有明显的标识。

（4）并网光伏系统属于双路电源供电的系统，应在两电源点的交汇处粘贴双电源警告标签。

（5）应在设备柜门内侧粘贴系统单线图。

（6）应在逆变器室合适的位置粘贴逆变器保护的设定细节的标签。

（7）应在合适位置粘贴紧急关机程序。

（8）所有的标志和标签都必须以适当的形式持久粘贴在设备上。

四、土建和支架结构检查

光伏子系统可设计成满足系统年电量输出平均值或峰值要求，其大小既可根据所需满足的特定负载确定，也可根据某一普通负载范围及包括系统性能价格比等在内的系统优化结果确定。其至少应该满足以下要求：

（1）土建和支架结构应该满足设计强度的要求。

（2）土建和支架结构应该满足当地环境的要求。

（3）土建和支架结构应该满足相关标准的要求。

方阵支架可以是固定的或间断/连续可调的，系统设计时应为方阵选择合适的方位，光组件一般应面向正南；在为避免遮挡等特定地理环境情况下，可考虑在正南±20°内调整设计。光伏阵列安装位置的选择应避免其他建筑物或树木阴影的遮挡，各阵列间应有足够间距，以保证光伏阵列不相互遮挡。固定式方阵安装倾角的最佳选择取决于诸多因素，如地理位置、全年太阳辐射分布、直接辐射与散射辐射比例、负载供电要求和特定的场地条件等。方阵支撑结构设计应综合考虑地理环境、风荷载、方阵场状况、光伏组件规格等，保证光伏方阵的牢固、安全和可靠。光伏子系统安装可采用多种形式，如地面、屋顶、建筑一体化等。屋顶、建筑一体化的安装形式应考虑支承面载荷能力，工程设计应符合相关建筑标准要求。地面安装的光伏方阵支架宜采用钢结构，支架设计应保证光伏组件与支架连接牢固、可靠，底座与基础连接牢固，组件距地面宜不低于 0.6m，考虑站点环境、气象条件，可适当调整。方阵支架钢结构件应经防锈涂镀处理，满足长期室外使用要求。光伏组件和方阵使用的紧固件应采用不锈钢件或经表面涂镀处理的金属件或具有足够强度的其他防腐材料。钢结构的支架应遵循 GB 50205 标准。

对于安装在地面的方阵基础，应符合 GB 50202 的要求；对于安装在建筑物屋顶的基础，除应符合 GB 50202 的要求外，还应该符合 GB 50009 的相关要求。

方阵场中各子方阵间距应满足设计要求。对于安装在地面的光伏系统，方阵场应夯实表面层，松软土质的应增加夯实，对于年降水量在 900mm 以上的地区，应有排水设施，以及考虑在夯实表面铺设砂石层等，以减小泥水溅射；对于安装在地面或屋顶的光伏系统，应考虑周围环境变化对光伏方阵的影响。光伏方阵场应配备相应的防火设施。

五、电气设备的测试

（一）电气设备的测试要求

电气设备的测试必须符合《低压电气装置　第 6 部分：检验》（GB/T 16895.23—2012）的要求，测量仪器和监测设备及测试方法应参照 GB/T 18216 的相关部分要求。如果使用另外的设备代替，设备必须达到同一性能和安全等级。在测试过程中如发生不合格，需要对之前所有项目逐项重新测试。

（二）电气设备的测试项目

在适当的情况下应按照下面的顺序进行逐项测试：

（1）交流电路的测试必须符合 GB/T 16895.23 的要求。

（2）保护装置和等势体的连接匹配性测试。

（3）极性测试。

（4）组串开路电压测试。

（5）组串短路电流测试。

（6）功能测试。

（7）直流回路的绝缘电阻的测试。

按一定方式串联、并联使用的光伏组件伏安特性曲线应具有良好的一致性，以减小方阵组合损失；优化设计的光伏子系统组合损失应不大于 8%。

（三）保护装置和等电位体的测试

保护或联接体应可靠连接。

（四）极性测试

（1）应检查所有直流电缆的极性并标明极性，确保电缆连接正确。为了安全起见和预防设备损坏，极性测试应在进行其他测试和开关关闭或组串过电流保护装置接入前进行。

（2）应测量每个光伏组串的开路电压。在对开路电压测量之前，应关闭所有的开关和过电流保护装置。

（3）测量值与预期值进行比较。

（4）将比较的结果作为检查安装是否正确的依据。

（5）对于多个相同的组串系统，应在稳定的光照条件下对组串之间的电压进行比较。在稳定的光照条件下，这些组串电压值应该是相等的（在稳定光照情况下，应在 5%范围内）。对于非稳定光照条件，可以采用以下方法：

1）延长测试时间。

2）采用多个仪表，一个仪表测量一个光伏组串。

3）使用辐照表来标定读数。注意，测试电压值低于预期值可能表明一个或多个组件的极性连接错误，或者绝缘等级低，或者导管和接线盒有损坏或有积水；高于预期值并有较大出入通常是由于接线错误引起的。

六、光伏组串电流的测试

光伏组串电流测试的目的是检验光伏方阵的接线是否正确，该测试不用于衡量光伏组串/方阵的性能。

（一）光伏组串短路电流的测试

用适合的测试设备测量每一光伏组串的短路电流。组串短路电流的测试有相应的测试程序和潜在危险，应以下面要求进行。

测量值必须与预期值进行比较。对于多个相同的组串系统并且在稳定的光照条件下，单个组串之间的电流应该进行比较。在稳定的光照条件下，这些组串短路电流值应该是相同的（在稳定光照情况下，应在 5%范围内）。对于非稳定光照条件，可以采用以下方法：

（1）延长测试时间。

（2）可采用多个仪表，一个仪表测量一个光伏组串。

（3）使用辐照表标定当前读数。

（二）短路电流测试步骤

（1）确保所有光伏组串是相互独立的并且所有的开关装置和隔离器处于断开状态。

（2）短路电流可以用钳型电流表和同轴安培表进行测量。

（三）光伏组串运转测试

测量值必须同预期值进行比较。对于多种相同组串的系统，在稳定光照辐射情况下，各组串应该分别进行比较。这些组串电流值应该是相同的（在稳定光照情况下，应在 5%范围内）。对于非稳定光照条件下，可以采用以下方法：

（1）延长测试时间。

（2）测试采用多个仪表，一个仪表测量一个光伏组串。

（3）使用辐照表来标定当前读数。

（四）功能测试

功能测试按照如下步骤执行：

（1）开关设备和控制设备都应进行测试，以确保系统正常运行。

（2）应对逆变器进行测试，以确保系统正常运行。测试过程应该由逆变器供应商来提供。

（3）电网故障测试过程如下：交流主电路隔离开关断开，光伏系统应立即停止运行。在此之后，交流隔离开关应该重合闸，使光伏系统恢复正常的工作状态。

注意：电网故障测试能在光照稳定的情况下进行修正，在这种情况下，在闭合交流隔离开关之前，负载尽可能地匹配以接近光伏系统所提供的实际功率。

七、光伏方阵绝缘阻值的测试

（一）光伏方阵测试要求

（1）测试时限制非授权人员进入工作区。

（2）不得用手直接触摸电气设备以防止触电。

（3）绝缘测试装置应具有自动放电的能力。

（4）在测试期间应当穿好适当的个人防护服/设备。

注意：对于某些系统安装，如大型系统绝缘安装出现事故或怀疑设备具有制造缺陷或对干燥时的测试结果存有疑问，可以适当采取测试湿方阵，测试程序参考 ASTMStdE2047。

（二）测试方式

（1）可以采用下列两种测试方法：

1）先测试方阵负极对地的绝缘电阻，然后测试方阵正极对地的绝缘电阻。

2）测试光伏方阵正极与负极短路时对地的绝缘电阻。

（2）对于方阵边框没有接地的系统（如有Ⅱ类绝缘），可以选择做如下两种测试：

1）在电缆与大地之间做绝缘测试。

2）在方阵电缆和组件边框之间做绝缘测试。

（3）对于没有接地的导电部分（如屋顶光伏瓦片），应在方阵电缆与接地体之间进行绝缘测试。

注意：（1）凡采用（1）中的测试方法 2），应尽量减少电弧放电，在安全方式下使方阵的正极和负极短路。（2）指定的测试步骤要保证峰值电压不能超过组件或电缆额定值。

（三）测试过程

（1）在开始测试之前，禁止未经授权的人员进入测试区，从逆变器到光伏方阵的电气连接必须断开。

（2）在（1）中的测试方法 2）中，若采用短路开关盒，在短路开关闭合之前，方阵电缆应安全地连接到短路开关装置。

（3）采用适当的方法进行绝缘电阻测试，测量连接到地与方阵电缆之间的绝缘电阻，具体如表 3-13 所示。在做任何测试之前都要保证测试安全。

表 3-13　　　　　　　　　　　绝 缘 电 阻 最 小 值

测试方法	系统电压/V	测试电压/V	最小绝缘电阻/MΩ
测试方法 1)	120	250	0.5
	<600	500	1
	<1000	1000	1
测试方法 2)	120	250	0.5
	<600	500	1
	<1000	1000	1

（4）保证系统电源已经切断之后，才能进行电缆测试或接触任何带电导体。

（四）绝缘电阻测试方法

1. 绝缘电阻表接线

绝缘电阻测试接线如图 3-13 所示。

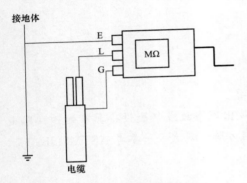

图 3-13　绝缘电阻测试接线

（1）校表。测量前应将绝缘电阻表进行一次开路和短路试验，检查绝缘电阻表是否良好。将两连接线开路，摇动手柄，指针应指在"∞"处；再把两连接线短接，慢慢摇动手柄，指针应指在"0"处。符合上述条件者即良好，否则不能使用。

（2）接线柱 L，在测量时与光伏发电并网线路导线相接。

（3）接线柱 E，在测量时与光伏接地装置相连接。

（4）接线柱 G，在测量时与被测物上保护遮蔽环或其他不须测量部分相连接。

2. 绝缘电阻测试

（1）线路接好后，按顺时针方向转动摇把，摇动的速度应由慢而快，当转速达到 120r/min 左右后，保持匀速转动后读数。

（2）测量完毕，对被测设备放电。

3. 测试注意事项

（1）禁止在雷电时或高压设备附近测绝缘电阻，只能在设备不带电且没有感应电的情况下测量。

（2）摇测过程中，被测设备上不能有人工作。

（3）测试导线不得使用双股绝缘线或绞线，应用单股线分开连接。

（4）绝缘电阻表未停止转动之前或被测设备未放电之前，严禁用手触及。拆线时，也不要触及引线的金属部分。

（5）测量结束后，要对电缆进行放电。

八、光伏方阵标称功率的测试

现场功率的测试可以采用由第三方检测单位校准过的太阳电池方阵测试仪抽测太阳电

池支路的伏安特性曲线，抽检比例一般不得低于30%。由伏安特性曲线可以得出该支路的最大输出功率，为了将测试得到的最大输出功率转换到峰值功率，需要做如下（1）～（5）项的校正。如果没有太阳电池方阵测试仪，也可以通过现场测试电站直流侧的工作电压和工作电流得出电站的实际直流输出功率。

（1）光强校正。在非标准条件下测试应当进行光强校正，光强按照线性法进行校正。

（2）温度校正。按照该型号产品第三方测试报告提供的温度系数进行校正，如无法获得可信数据，可按照晶体硅组件功率温度系数 $-0.35\%/℃$，非晶硅功率温度系数 $-0.20\%/℃$ 进行校正。

（3）组合损失校正。太阳电池组件串并联后会有组合损失，应当进行组合损失校正。太阳电池的组合损失应当控制在5%以内。

（4）最大功率点校正。工作条件下太阳电池很难保证工作在最大功率点，需要与功率曲线对比进行校正；对于带有太阳电池 MPPT 装置的系统，可以不做此项校正。

（5）太阳电池朝向校正：不同的太阳电池朝向具有不同的功率输出和功率损失，如果有不同朝向的太阳电池接入同一台逆变器的情况，需要进行此项校准。

九、电能质量的测试

（1）将光伏电站与电网断开，测试电网的电能质量。
（2）将逆变器并网，待稳定后测试并网点的电能质量。
（3）测量并网点和公共连接点电网的电能质量参数，详见表 3-14。

表 3-14　　　　　　　　　并网点和公共连接点电网的电能质量参数

A 相电压偏差（或单相电压）		
B 相电压偏差		
C 相电压偏差		
A 相频率偏差（或单相频率）		
B 相频率偏差		
C 相频率偏差		
A 相电压谐波含量与畸变率（或单相谐波）		
B 相电压谐波含量与畸变率		
C 相电压谐波含量与畸变率		
三相电压不平衡度		
直流分量		
是否存在电压波动与闪变事件	是□	否□
A 相功率因数（或单相功率因数）		
B 相功率因数		
C 相功率因数		

注　测试时应注意区别电能质量参数的偏差是属于电网原有偏差还是光伏系统并网之后产生的偏差，电能质量指标的判定依据按照国家电网的相关要求执行。

十、检测报告

检测过程完成后，应提供检验报告，包括如下内容：

（1）系统信息（名称、地址等）。

（2）电路检查和测试清单。

（3）检查报告。

（4）电路的测试结果。

（5）检查人员姓名及日期。

检测报告以附录 E 为标准，供参考。

第五节 并 网 验 收

一、验收人员要求

（一）人员配备及着装要求

现场验收人员要求做到人员充足，着装规范。现场验收人员一般不少于两人；要求人员精神状况良好；进入工作现场，穿着合格工作服、绝缘鞋，戴安全帽。

（二）技能要求

现场验收人员必须熟悉《国家电网公司电力安全工作规程（配电部分）》，具备必要的电气知识和操作技能；了解测试仪器的性能、测试方法并能正确接线；工作中能互相关心作业安全，及时纠正不安全行为。

二、危险点及安全控制措施

（一）防止触电伤害

（1）除通电检查外，所有验收程序和测量应确保隔离开关、并网断路器在断开位置。

（2）测量工作至少应由两人进行，一人操作一人监护，避免在雷雨时测试，夜间工作应有足够的照明。

（3）解开或恢复接地时，应戴绝缘手套，并验明解开的接地线有无电压。

（4）测量时，不得接触测试导线以免触电。

（5）摇测过程中，被测设备上不能有人工作。

（6）绝缘电阻表未停止转动之前或被测设备未放电之前，严禁用手触及；测试过程中两手不得同时接触两根线；拆线时，不要触及引线的金属部分；测量结束时，对于电缆要进行放电。

（7）核查工作区域内的光伏倒送电，做好施工现场防自备电源倒送电措施。

（二）防止机动车辆伤害

在集镇、道路等来往人员频繁密集地区工作时，应增设安全围栏、交通警示牌。

（三）防止高处坠落、坠物伤害

（1）正确佩戴安全帽，注意观察周边环境；进入狭小黑暗通道，应有足够的照明；进出光伏组件支架避免头部碰撞。

（2）屋顶检查光伏板、接线等设备时应设专人监护，与屋檐保持足够安全距离，禁止攀附不牢固构件，防止高空坠落。

（3）使用梯子时，梯子的根部、头部应有防滑措施，3m 及以上单梯应在距梯顶 1m 处设限高标志，梯阶的距离不应大于 40cm。使用前应先进行试蹬，确认可靠后方可使用。

（4）梯子不宜绑接使用，同一梯子上不得同时有两人工作，不得带人移动梯子。在通道上使用梯子，应设监护人或临时围栏。

（5）使用梯子时，应尽量选择坚实平整的地面，梯子与地面的夹角应在 60°左右，工作人员必须在距梯顶 2 档以下的梯蹬上工作，3m 及以上梯子使用中应有专人扶持和监护。

（6）梯子在门旁边使用时，应做好门突然打开时碰倒梯子的防护措施。

三、资料准备

（一）居民分布式光伏发电项目所需资料

（1）居民光伏项目并网验收和调试申请表。

（2）低压用户分布式发电项目现场查勘单。

（3）光伏发电项目接入系统方案。

（4）主要电气设备一览表。

（5）光伏组件、逆变器检测认证证书及调试报告。

（6）并网断路器、隔离开关、配电箱、电缆等强制性产品合格认证证书。

（7）施工安装单位的光伏发电系统安装验收和调试报告（含接地电阻、绝缘电阻测试报告）。

（8）其他相关资料。

（二）非居民分布式光伏发电项目所需资料

（1）非居民光伏项目并网验收和调试申请表。

（2）高压用户分布式发电项目现场查勘单。

（3）光伏发电项目接入系统方案。

（4）光伏发电项目政府主管部门备案通知书。

（5）光伏发电项目运行管理制度。

（6）光伏组件的由国家认可资质机构出具的检测认证证书、产品使用手册、出厂检验报告的扫描件。

（7）逆变器的由国家认可资质机构出具的检测认证证书、产品使用手册、出厂检验报告的扫描件。

（8）低压配电箱柜、断路器、隔离开关、电缆等低压电气设备 3C 认证证书。

（9）光伏发电项目主要电气设备试验报告。

（10）光伏发电项目继电保护整定单、继电保护试验报告。

（11）由安装单位或调试单位出具的并网前单位工程验收报告。

（12）光伏发电项目相关竣工图纸：电气一次主接线图、电气二次接线图、电气平面布置图、光伏组件阵列地理分布示意图。

（13）光伏发电项目基本情况及主要电气设备一览表。

（14）光伏发电项目并网审签单。

（15）光伏组件、逆变器等主要设备铭牌的照片。

（16）其他相关资料。

（17）仅适用 10～35kV 接入的项目所需资料包括：

1）升压变压器、接地变压器、站用变压器、无功补偿装置等主要设备铭牌的照片。

2）变压器、高压开关柜、断路器、隔离开关等高压电气设备的型式证验报告。

3）光伏发电项目运行操作规程。

4）光伏发电项目典型操作票。

5）光伏发电项目通信及自动化联调记录。

6）光伏发电项目电气运行人员的进网作业许可证、电工特种作业操作证的复印件。

7）由调试单位出具的并网前单位工程调试报告。

8）光伏发电项目电气运行人员名单。

9）光伏发电项目并网、通信、计量方式及保护形式情况表。

10）光伏发电项目初步设计说明文本及图纸资料（或适用于 380/220V 多并网点接入项目）。

（18）仅适用于总发电容量 400kW$_p$ 以上的项目所需资料包括：

1）设计单位资质证书复印件。

2）安装单位和试验单位的承装（修、试）电力设施许可证、建筑企业资质证书、安全生产许可证的复印件。

四、验收工作流程

（一）验收工作主要环节

分布式光伏验收主要包括受理并网申请、工作任务派工、验收前准备、班前会、现场验收检查、验收总结、问题整改、并网发电八个工作环节。

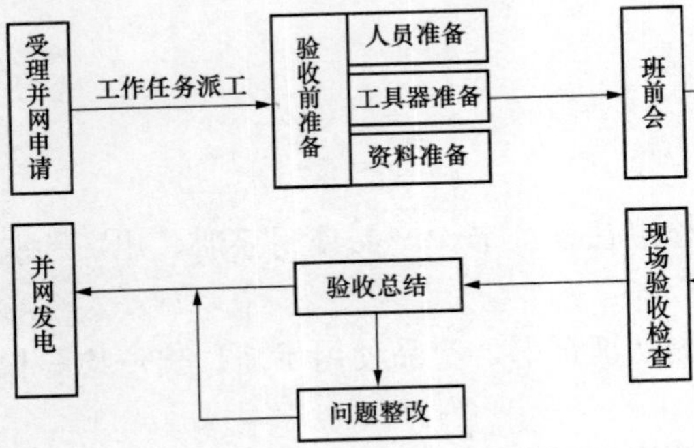

图 3-14　验收作业流程图

（二）验收作业流程图

验收作业流程如图 3-14 所示，供参考。

五、验收的基本内容及要求

（一）低压（居民）分布式光伏发电项目的验收

低压（居民）分布式光伏发电项目的验收所涉及的内容、检查的项目较为单一，为提高验收工作效率，建议采用标准化作业卡的形式开展。

1. 基本信息核对

（1）联系人及联系电话是否正确。

（2）项目设计单位、施工单位、试验单位的资质是否符合要求。

2.　设备核查

（1）光伏组件。

1）通过书面、现场核对检查。

2）有国家认可资质机构出具的检测认证证书，且现场设备的厂家、型号、数量与申报一致。

（2）光伏组件支架接地。

1）通过书面、现场核对检查。

2）光伏组件支架与接地干线连接可靠，接地线型号、规格符合要求。

（3）逆变器。

1）通过书面、现场核对检查。

2）有国家认可资质机构出具的检测认证证书，且现场设备的厂家、型号、数量与申报一致。

（4）并网断路器。

1）通过书面、现场核对检查。

2）有国家认可资质机构出具的检测认证证书，且现场设备的厂家、型号、数量与申报一致。

（5）隔离开关。

1）通过书面、现场核对检查。

2）有国家认可资质机构出具的检测认证证书，且现场设备的厂家、型号、数量与申报一致。

（6）浪涌保护器。

1）通过书面、现场核对检查。

2）有国家认可资质机构出具的检测认证证书，且现场设备的厂家、型号、数量与申报一致。

（7）并网电缆。

1）通过书面、现场核对检查。

2）有国家认可资质机构出具的检测认证证书，且现场设备的厂家、型号、数量与申报一致。

（8）并网配电箱。

1）通过书面、现场核对检查。

2）有 3C 认证证书，且现场设备的厂家、型号、数量与申报一致。

3）用尺检查，并网配电箱使用厚度不小于 1.5mm 不锈钢钢板制作，单相并网配电箱至少 60cm×40cm，三相自发自用余电上网型并网配电箱至少 70cm×40cm，三相全额上网型并网配电箱至少 70cm×55cm。

4）用尺检查，并网配电箱上半部分用于安装计量装置，要求能够封闭，具备铅封的弹锁，正面设置单个计量观察窗，计量观察窗的高度和宽度至少 18cm×24cm（三相全额上网型 20cm×40cm），要求窗口清晰透明，基本能保持 20 年不变色。

5）用尺检查，并网配电箱上半部分的高度：单相并网配电箱至少 35cm，三相并网配电箱至少 40cm。并网配电箱下半部分用于安装并网配电装置，其高度：单相并网配电箱至少 25cm，三相并网配电箱至少 30cm。箱门锁采用嵌入式三角锁。

3. 接地装置检查

检查参照依据：GB 50169《电气装置安装工程接地装置施工及验收规范》及《国家电网公司分布式电源接入系统典型设计（2016 版）》。

（1）接地装置检查。

1）接地线检查。

①材料规格。

a. 圆钢直径不小于 12mm，扁钢截面不小于 50mm^2 且厚度不少于 4mm，优先采用圆钢。

b. 不得采用铝导体作为接地体或接地线。

②镀锌件表面检查。

镀锌层表面完好。有焊接时，焊痕外 100mm 内做防腐处理。

③支持件（固定）。

支持件间的距离垂直部分宜为 1.5～3m；在直线段上不应有高低起伏和弯曲。

④断接卡。

接地线与地下接地体引出线连接应在合适位置设置断接卡，便于安装和测量。断接卡处应有两处以上的螺栓连接，防止意外断开。

2）搭接长度检查。

①扁钢与扁钢。用尺检查，搭接长度应≥2 倍宽度且焊接面≥3 面。

②圆钢与圆钢或圆钢与扁钢。用尺检查，搭接长度应≥6 倍圆钢直径。

③扁钢与钢管（角钢）。观察检查接触部位两侧焊接，并焊后加固卡子。

（2）接地电阻测试。

1）记录测量时的天气情况。主要记录测量时环境温度及天气情况。

2）记录接地电阻值。记录接地电阻实测值并根据环境温度、土壤湿度接地电阻修正系数，换算最终接地电阻值。

4. 并网配电箱检查

检查参照依据：《电气装置安装工程 质量检验及评定规程 第 8 部分：盘、柜及二次回路接线施工质量检验》（DL/T 5161.8—2002）。

（1）安装环境及工艺要求。

1）配电箱安装环境。表箱安装环境无污秽、震动、电磁影响；安装点无杂物堆放，出入方便，便于运行维护。

2）配电箱安装工艺。

①配电箱安装牢固，用铅坠检查箱体垂直度，垂直度小于 1.5mm/m。

②配电箱底部与地面的距离宜为 1.5～1.8m，且与其他同一地平面建筑物上高度符合的表箱应基本统一。

（2）配电箱箱体接地。

1）配电箱外壳接地。

①金属配电箱外壳可靠接地，接地电阻少于 30Ω。

②接地保护线使用铝芯不少于 $16mm^2$（铜芯不少于 $10mm^2$）的绝缘导线与接地体（接地干线）单独连接。

③并网电缆接地线、浪涌保护器接地线单独与接地汇流排或接地干线连接，不得与配电箱内接地串接后再接地。

④配电箱接地不得与其他接地连接在同一端子中。

2）可开启门的接地。通过观察及导通检查，逐个用软铜导线可靠连接。

3）接地涂色。明敷接地线，在导体的全长度或区间段及每个连接部位附近的表面，应涂以 15～100mm 宽度相等的绿色和黄色相间的条纹标识。

（3）电气检查。

1）箱内电气部件检查。配置齐全，操作接触良好，各元器件固定牢固，倾斜度符合要求。

2）一次回路接线检查。设备固定牢固（包括表计、集中器）；图实相符，接线正确；导线与电气设备端子连接处不露芯、不压绝缘；导线横平竖直，绑扎合理可靠，工艺清爽、美观。

3）控制配线检查。

①Ⅱ型集中器电源取自并网双方向电能表前的隔离开关。

②485 信号线接线正确，线径符合要求，沿箱体外侧布置，绑扎可靠。

（4）线路绝缘电阻测量。

使用 500V 绝缘电阻表测试并网线路进线端相线对地、中性线对地绝缘电阻，绝缘电阻应不小于 $20MΩ$。

（5）其他。

1）箱外布线及防护。并网配电箱的进线应采用穿管敷设，穿线管插入箱内的长度不小于 20mm，管卡设置合理，进出线孔洞应封堵严密。

2）配电箱卫生。

配电箱内部整洁，无杂物遗留；箱体外部保护膜无遗留。

5. 用电表箱侧检查

（1）箱体。要求箱体完整，无老化、破损，安装牢固。

（2）电气设备。内部隔离开关、断路器、导线安全载流量符合容量要求，连接点紧固。

（3）表前电缆。电缆截面符合并网容量要求，与户联线连接点线夹数量正确，确保接触良好。

（4）户联线。户联线导线截面符合线路并网容量要求。

6. 标识检查

检查参照依据：《国家电网公司安全设施标准　第 2 部分：电力线路》（Q/GDW 434.2—2010）。

（1）发电表箱。

1）发电表箱正面应有"当心触电"警示标识，建议尺寸不小于 160mm×200mm。

2）发电表箱正面有"光伏双电源"黄底黑框黑字警示标识，建议尺寸不小于 50mm×200mm。

（2）上网表箱。

1）上网表箱正面有"光伏双电源"黄底黑框黑字警示标识，贴于三相表箱的标识建议尺寸不小于 50mm×200mm，贴于单相表箱的标识建议尺寸不小于 30mm×120mm。

2）上网表箱门背面贴有接线图，且图实相符，建议 A4 纸大小。

3）上网表箱内各电气设备命名标示齐全，建议尺寸大小 20mm×60mm，张贴在对应设备醒目处。

（二）高压（非居）分布式光伏发电项目的验收

1. 基本信息核对

（1）现场安装的光伏组件型号参数及数量、逆变图的型号色数及数量、升压变压器的型号参数及数量、站用变压器的型号参数、SVG 的容量参数、各主要电气设备之间的连接电缆型号和参数，以及光伏组件的安装区域位置，是否与供电公司审查确定的初步设计相一致。

（2）联系人及联系电话是否正确。

（3）项目设计单位、施工单位、试验单位的资质是否符合要求。

（4）变压器、高压开关柜、断路器、隔离开关等高压电气设备是否具有型式试验报告。

（5）低压配电箱柜、断路器、隔离开关、电缆等低压电气设备是否具有 CCC 认证证书。

2. 并网送出线

架空线路杆塔命名牌、相位及标识、接地装置及连接、杆上断路器和避雷器的安装、线路号线的安全距离、电缆标签牌及路径标志桩、电缆埋设等方面是否符合要求。

3. 光伏配电室（变压器室、SVG 室）

（1）光伏配电室的命名标识是否符合要求。

（2）防小动物挡板是否符合要求。

（3）是否配置了必要的消防器材。

（4）箱式光伏配电室是否安装了空调设备以满足电气设备运行要求。

（5）光伏配电室内操作通道附近是否悬挂了电气主接线模拟图板，电气主接线模拟图板中的电气设备双重命名及参数是否完整且与实物、典型操作票一致。

（6）各开关柜和计量柜的柜前、柜后是否铺设了相应电压等级的绝缘垫。

（7）光伏配电室内是否环境整洁，地面和通道无杂物堆放，室内照明是否符合要求。

（8）开关柜和计量柜的柜前、柜后、侧面通道的宽度是否满足要求。

（9）各开关柜、计量柜、断路器、隔离开关等电气设备的命名是否正确且满足命名要求。

（10）光伏配电室的通风窗口是否配置了钢网，门是否向外开启，门锁装置是否完整良好。

（11）电缆沟内是否无积水，盖板是否平整完好，电缆孔洞是否已封堵。

（12）光伏配电室内是否配置了安全工器具箱柜，拉杆式专用验电笔、接地线、绝缘手套、绝缘靴、安全标示牌、安全遮栏是否配置齐全且试验合格，接地线是否按要求编号存放，相关安全工器具是否实行了定置管理。

4. 变压器（SVG 装置）

（1）试验报告中是否试验项目齐全、结论合格，变压器和 SVG 装置的安装是否符合要求，变压器和 SVG 装置的容量、型号是否与设计和供电公司批复的参数相一致。

（2）二次接线是否正确、动作可靠。

（3）变压器外壳、中性点等接地是否符合要求。

（4）高低压母排相色标识是否正确。

（5）干式变压器外绝缘是否无裂缝，热敏电阻安装位置是否正确、合理，绝缘子是否无破裂和放电痕迹。

（6）是否已悬挂变压器命名牌，且命名规范。

（7）变压器和 SVG 装置连接的电缆，其型号和规格是否与供电公司审查确认的设计方案一致，电缆孔洞是否已封堵，电缆标签牌是否规范，电缆的接地、电缆的敷设是否符合规范要求。

5. 计量柜、电压互感器柜、开关柜及断路器

（1）计量柜、电压互感器柜、开关柜及断路器、电压互感器、电流互感器的试验报告中是否试验项目齐全、结论合格，安装是否符合要求。

（2）计量柜、电压互感器柜、开关柜及断路器的型号是否与设计相一致。

（3）电压互感器、电流互感器的型号、规格、精度、变比是否与设计一致。

（4）分、合高低压断路器、隔离开关，操作机构动作是否可靠、灵活。

（5）"五防"装置程序是否合理。

（6）断路器和隔离开关的分合指示位置是否正确，传动机构是否灵活。

（7）计量柜、电压互感器柜、开关柜的接地是否良好，绝缘子、真空断路器真空包是否完好。

（8）铜铝连接处是否有铜铝过渡措施，接头连接是否紧密可靠。

（9）与计量柜、电压互感器柜、开关柜连接的电缆，其型号和截面是否与供电公司审查确认的设计方案一致。

（10）柜内电缆孔洞是否已封堵，电缆是否已悬挂标签牌，电缆标签牌是否使用计算机打印，标签牌中的起点、终点、长度等内容是否完整且正确。电缆的接地、电缆的敷设是否符合规范要求。

（11）计量柜、电压互感器柜、开关柜的柜前顶端和柜后顶端的永久性命名标识是否完整并符合要求。各开关柜柜前正面的断路器、隔离开关的永久性命名标识是否完整并符合要求。

（12）计量柜是否具备封印功能，电能表、采集终端、互感器等设备安装位置是否足够，计量二次配线及计量接线盒的接线是否正确且符合标准要求，接线是否符合要求，是否配置了透明的计量接线盒。

（13）电压互感器、电流互感器的本体是否无裂纹、无破损，外表是否整洁、无渗油。

（14）全额上网的项目，双方向计量总关口计量柜内电流互感器的安装是否以电网指向光伏电站侧作为计量正方向进行安装。

（15）自发自用余电上网的项目，光伏发电量单方向计量点的计量柜内电流互感器的

安装是否以光伏电站侧指向电网侧作为计量正方向进行安装。

6. 防雷、接地系统

（1）光伏组件支架接地、配电室接地的安装是否符合要求，试验报告是否齐全，试验结论是否合格。

（2）避雷器外观是否完好，安装是否牢固，接地连接是否可靠规范。

（3）接地装置是否完整良好，焊接部位是否符合规范要求，明敷部位是否加涂色。

7. 光伏组件、逆变器、交汇箱

（1）光伏组件的型号和规格是否与设计一致。

（2）是否在设计指定区域和位置足额安装了光伏组件。

（3）光伏组件支架的接地是否符合要求，接地电阻试验报告中的接地电阻试验是否合格。

（4）逆变器的型号、规格、台数是否与设计一致。

（5）逆变器、交流汇流箱的永久性命名标识是否完整规范。

（6）交流汇流箱的外壳接地是否符合要求。

（7）与逆变器、交流汇流箱连接的交流电缆，其型号和截面是否与设计方案一致，电缆标牌是否规范，电孔洞封堵是否符合要求。

（8）交流汇流箱内的接头是否紧密可靠，铜铝连接处是否有铜铝过渡措施。

8. 继电保护、二次回路

（1）继电保护屏的屏前顶端和屏后顶端的永久性命名标识是否完整并符合要求，压板、空气开关的中文命名标签是否正确完整，连接线编号、截面是否符合要求。

（2）端子排等绝缘是否良好。

（3）保护屏内电缆孔洞是否已封堵，屏蔽线是否已接到汇流排，汇流排是否使用 $50mm^2$ 铜缆接地。

（4）继电保护整定单是否经供电公司责任调度部门确认。

（5）是否已按供电公司查勘确认的设计方案完整保护和安装了必要的继电保护装置，继电保护装置的设置是否与整定单相一致。

（6）继电保护装置的试验报告中，是否试验项目齐全、结论合格，传动试验是否符合要求。

（7）继电保护装置的接地是否符合要求。

（8）二次交直流电源接线是否正确，二次交直流电压是否正常。

（9）光伏发电系统防孤岛保护测试是否正常。

9. 通信自动化及电能质量监测装置

此内容仅适用于 10～35kV 接入的项目，或低压接入总发电容量大于 $1000kW_p$ 的项目。

（1）是否已按供电公司审查确认的设计方案完整配置和安装了必要的通信和自动化装置，自动化安全防护是否满足要求。

（2）设备安装是否牢固可靠，屏内设备命名标签是否正确完整，连接是否可靠。

（3）通信和自动化屏的屏前顶端和屏后顶端的永久性命名标识是否完整并符合要求，通信和自动化设备的中文命名标签是否正确完整。

（4）通信网络线是否已正确连接。

（5）通信和自动化屏内是否已清理无杂物。

（6）通信和自动化装置的接地是否满足要求。

（7）与供电公司调度部门的自动化通道是否已接通，是否已完成自动化联调工作。

（8）通信和自动化机房是否已安装空调设备。

（9）电能质量监测装置是否已安装。

10. 运行管理方面

此内容仅适用于 10～35kV 接入的项目。

（1）是否按规定配备持有进网作业许可证的值班电工。

（2）值班电工是否熟悉本项目相关电气装置的情况。

（3）是否建立了交接班制度、设备缺陷管理制度、巡回检查制度、值班员岗位责任制度等运行管理制度。

（4）是否编制了典型操作票、运行规程。

（5）负荷记录簿、事故记录簿、缺陷记录簿、交接班记录簿等簿册是否配备齐全。

（6）值班场所及值班录音电话是否已配置到位。

六、通电检查

（一）发电表通电检查

（1）合上并网开关约 5min，发电量计量表屏显左下角应无反向箭头（全额上网用户则有反向箭头）显示。

（2）按发电量计量表的轮显按钮，检查正向电量有无增加，如有则说明基本正常。

（二）上网表（双方向计量表）通电检查

按双方向计量关口电能表的轮显按钮，检查电能表的上网电量（反向）是否有增加（需断开用户侧开关），如有则说明上网电量计量表基本正常。（全额上网用户无需该环节）

（三）并网断路器检查

在前面光伏发电系统已并网发电的情况下，拉开该用户的双方向计量关口电能表的电网侧进线开关（模拟电网停电），并网断路器应自动跳闸；再合上双方向计量关口电能表进线开关，则并网断路器应自动合闸。

（四）反孤岛装置检查

在上一步并网断路器跳闸时，用万用表测量并网断路器下桩头两端口对地电压（光伏侧），应无任何电压。

（五）集中器检查

集中器在线灯显示绿色、信号强度绿灯亮则基本为正常。

七、验收总结

（一）封印

发电量计量表、双方向关口计量表、采集器、表箱封印到位，封丝长度不得留有余度，并经客户确认签字。

（二）现场清理

逐一整理核对工器具是否已齐全并放入工具箱，确保现场无遗留物。

（三）问题整改

根据现场检查情况，对不符合要求的问题、缺陷等发放缺陷整改通知单，要求客户签收。对存在的问题、缺陷等要一次性书面告知客户，待问题整改完毕后再重新检验。

（四）验收评价

根据检查情况，判断此次验收结果是否合格，是否需要复验。

第四章　有源配电网及光伏电站运维与检修

本章主要对含分布式光伏接入的配电网检修、安全防护、巡视维护，分布式光伏电站发电量的影响因素及常见故障分析等进行介绍。

第一节　含分布式光伏接入的配电网检修及安全防护

大量分布式光伏发电单元的接入，使传统辐射状的无源配电网络变成有源网络，对配电网的运维、防护及检修工作带来重要影响。为确保配电网安全可靠运行，在安全措施、工作流程等方面应采取一系列措施。

当电网停电时，逆变器和并网开关如果出现故障，检修期间光伏发电系统会出现配电网支路开关已经断开而线路却依然带电的现象，从而危及检修人员的生命安全。在极端情况下，即线路停电后，如用电负荷和发电出力相对平衡，用户内部用电范围、配电台区范围、单条 10kV 线路供区范围会出现孤岛效应的情况。所以，传统的配电网检修工作流程与含有光伏接入的配电网检修工作流程和管理要求有着很大的区别。

一、接入光伏配电网停电检修及安全防护

（一）分布式光伏发电系统入网检测

在含分布式光伏发电接入的配电网中，分布式光伏发电系统的电能质量、功率特性及防孤岛保护特性对电网的安全可靠运行具有重要影响。开展入网检测工作是保证配电网和分布式光伏系统自身安全运行的必备技术措施，也是降低分布式光伏运行对配电网产生不良影响的重要手段。做好分布式光伏发电系统的入网检测工作，对于配电网后续的日常管理、状态检修和缺陷管理具有重要意义。防孤岛保护功能是电网故障时自动切除分布式光伏的重要手段，为保障系统及人员安全，必须在并网前进行严格入网检测。

分布式光伏发电系统入网检测项目包括电能质量测试、功率特性测试（有功功率输出特性测试）、电压异常（扰动）响应特性测试、频率异常（扰动）响应特性测试、防孤岛保护特性测试、通用性能测试（防雷和接地测试、电磁兼容测试、耐压测试、抗干扰能力测试、安全标识测试）等。

光伏发电设备通过检测后，可以确保在配电网或分布式光伏自身故障时能及时从配电网中切除，防止因配电网停电、短路故障等情况下损害光伏发电设备，保证在光伏发电设备异常时不会造成配电网运行不稳定、谐波超标，甚至配电网保护误动造成大范围停电或危及上一级供电网络的现象。同时，入网检测也可提前发现分布式光伏系统本身存在的问

题，提前消除缺陷，便于后续配电网和光伏发电设备的维护、检修工作顺利开展。

（二）配电网侧检修流程

含分布式光伏发电系统接入配电网的检修工作流程与现有配电网检修流程的根本区别在于新增的光伏发电设备、接入点电气设备、负荷转移方案、停电检修时分布式光伏的有源性所造成的安全危险等方面。因此，需将光伏并网设备、接入点位置、安全警示标识纳入运检专业管理范畴。

在分布式光伏接入后，由于配电网整体结构没有发生较大改变，含分布式光伏发电系统接入配电网的检修工作流程如图 4-1 所示。其与传统配电网检修流程的根本区别在于：新增的光伏发电设备（包括光伏板、逆变器、通信和其他配件等）、接入点的电气设备（环网柜的进出线、断路器、计量装置等）、负荷转移方案、停电检修时分布式光伏的有源性所造成的安全威胁等方面。

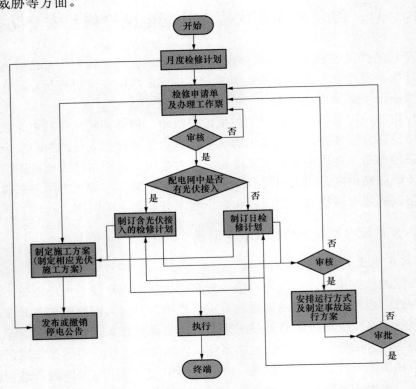

图 4-1　含分布式光伏发电系统接入配电网的检修工作流程

当然，配电网调度、检修和营销等相应工作组织可以不必进行大范围调整，配电网调度部门仅需在停电检修前根据检修网络结构和分布式光伏接入情况制订停电计划，明确负荷转移方案，在工作票中签发各断路器、分段开关等操作内容，操作人员则按配电网操作规程的要求操作即可。

根据《光伏发电系统接入配电网技术规定》（GB/T 29319—2012）的要求，分布式光伏发电系统并网后，产权分界应设置在并网开关处，相应的计量、维护分别由各方负责。供电企业负责对分布式光伏接入的公用部分进行维护，其中包括接入部分的断路器、隔离开关、电缆线路和相应的通信设施等。除进行常规的设备巡视外，运维检修部门还应对分布式光伏接入的公用部分进行巡视，及时上报缺陷，以保证配电网正常运行。用户负责对其分布式光伏发电设备进行定期维护，也可由用户与当地供电企业协商，签署由供电企业代理维护协议。因此，随着分布式光伏发电系统的普及，运维检修人员应主动掌握光伏发电设备的工作特性和检修维护要求，运维检修部门也应提前对运维检修操作人员开展相关培训工作。

运维检修部门在加强分布式光伏发电管理方面应从以下几方面来考虑：建立分布式光伏发电用户的基础台账，PMS 2.0 系统中应标注光伏发电用户的标识，配电网单线图应标注光伏发电用户，工作票开票系统应将光伏电源作为安全风险点，现场安全措施应考虑光伏发电并网接入，现场作业安全交底应包含光伏发电可能来电方向。此外，要合理安排停电检修的负荷转移方案，并兼顾用户设备的供电可靠性。

在配电网检修方面，地市公司运维检修部门主要负责管理目标的确定和监督考核工作。在具体实施中，运维检修部门除做好月度检修计划及停电的通知及解释工作外，还应考虑协调光伏发电企业自身的检修计划，并做好对发电企业停电的通知及解释工作。在制订检修计划时，由于分布式光伏发电系统检修工作量较小、检修周期长，但对于容量较大、停电后会明显降低地区可再生能源利用率的分布式光伏发电系统，可与现有配电网同时进行检修。对于计划检修，运维检修部门可提前一周向分布式光伏发电用户发送检修计划，并在检修完成后向分布式光伏企业发送并网通知。

在含分布式光伏接入的配电网管理中，除配网调度计划流程需要重新修订外，其余部分仅需根据分布式光伏接入量进行调整。重新制订的检修计划与传统计划的主要区别体现在工作票和操作票的具体操作内容上。

（三）停电检修管理原则

1. 配电网检修原则

（1）配电网的检修工作一般优先采用不停电方式，出现问题及时进行处理。部分配电网发展较快地区，会根据当地配电网运行情况安排集中检修。

（2）配电网检修工作需停电消缺、检修时，应提前通知分布式光伏发电用户。一般缺陷的消缺，应根据计划停电的要求提前与分布式光伏业主进行沟通；危急缺陷处理时，可直接断开分布式光伏，隔离故障；严重缺陷等应视具体情况而定。

（3）停电检修应根据设备状态检修计划，落实安全措施、反送电措施要求，合理编制停电检修计划；确保检修人员、物资、资金到位，现场查勘到位；加强停送电管理，完善停电计划管理考核机制，严格控制重复停电次数。

2. 负荷转移原则

配电网停电检修前，拟定检修计划的人员需事先给出负荷转移方案，具体转移方案制定应遵循以下原则：

（1）若停电区域不包含分布式光伏，且存在联络开关与其他馈线相连，负荷转移方案应在满足配电网潮流约束、节点电压约束及配电网辐射运行约束的前提下，通过较少的开关操作转移较多的负荷。

（2）若停电区域包含分布式光伏发电系统，且存在联络开关与其他馈线相连，则应首先考虑最大化利用光伏系统进行发电。在转移负荷的过程中，如果为了保证分布式光伏上网发电而造成线路潮流越限或节点电压越限，应优先考虑电网运行的安全性，此时可以根据需要切除相应的负荷和分布式光伏。

（3）若停电区域包含分布式光伏且无联络开关与其他馈线相连，则根据《有电力系统的互连配电资源》（IEEE 1547：2003）的标准，不禁止有意识的孤岛存在，而是鼓励供电方和用户尽可能通过技术手段实现孤岛运行，并在经济方面达成共识。因此，假设停电区域中存在一个或多个分布式光伏发电系统，且其具有电压和频率调节能力，则经电网公司许可后，该孤岛可以独立运行，并按照原则（2）通过分布式光伏对孤岛中的负荷供电。否则，该孤岛中所有的分布式光伏退出运行，孤岛中的全部负荷停电。

（四）停电检修策略

1. 中压配电网检修策略

（1）检修方案一。

1）线路检修工作时，如需光伏电站配合在电网侧进行接地操作，且光伏电站在检修范围之外，先由调度许可光伏电站解列，再发令线路检修单位拉开光伏电站的站外柱上开关或跌落式熔断器，并由检修单位验电后自行在开关或跌落式熔断器下桩头挂设接地线。

2）调度发令给光伏运营企业电气负责人，光伏电站解、并列操作由其负责，调度与光伏高配值班人员不直接联系。当10（20kV）线路跳闸含有光伏电站时，调度直接通知光伏运营企业电气负责人，由其负责检查、巡视光伏电站工作的汇报。光伏运营企业的光伏运维联系人员，应具备相应资质，并报调度部门备案。

3）当支线线路有一个及以上光伏电站，线路检修工作时，若支线在检修范围之外，先由调度许可光伏电站解列，调度发令线路检修单位再拉开支线跌落式熔断器或开关，线路检修单位验电后自行在跌落式熔断器或开关下桩头及以下部分挂接地线，并在所有安全措施到位后许可检修工作。

4）线路检修工作，当光伏电站在检修范围之内，则先由调度许可光伏电站解列，并在光伏电站侧改线路检修。

（2）检修方案二。

1）分布式光伏电站投运后，由线路检修单位运行管理。其中如10（20kV）公用线路计划检修涉及光伏电站，光伏电站内及站外进线跌落式熔断器或开关所要求的安全措施，在线路检修单位提交调度工作申请单的安全措施内不需要体现，由线路检修单位自行考虑处理。当10（20kV）线路跳闸含有光伏电站，线路检修单位巡线检查汇报应包括光伏电站，不再由调度通知检查。

2）线路检修工作时，若光伏电站在检修范围之外，原则上，光伏电站应先拉开并网开关，线路检修单位再拉开光伏电站进线跌落式熔断器或开关，线路检修单位验电后自行在跌落式熔断器或开关上桩头挂接地线，并在所有安全措施到位后许可检修工作。

2. 低压配电网检修策略

（1）接入分布式光伏电源的低压配电网，系统侧设备消缺、检修优先采用不停电作业方式。

（2）停电检修前，应组织现场勘察，详细掌握停电线路下分布式光伏电源的数量、位置、容量、电压等级、接线方式等信息。

（3）现场勘察应结合光伏台账信息开展。现场勘察前，应查阅光伏台账信息，确认停电区域是否存在光伏电源。现场勘察时，应确认现场的光伏电源信息与查阅的光伏电源信息是否一致。

（4）接入分布式光伏电源的配电网，电气设备倒闸操作和运维检修应严格执行《电力安全工作规程》等有关安全组织措施和技术措施要求。

（5）在有分布式光伏电源接入的低压配电网上停电工作，至少应采取以下措施之一防止反送电：①接地；②绝缘遮蔽；③在断开点加锁、悬挂标示牌。

（五）配电网作业的安全防护

配电网检修期间，如果不把分布式光伏发电作为安全风险点纳入计划检修管理，在出现逆变器故障和停电后孤岛效应时，将直接给检修人员的人身安全带来威胁，所以安全防护尤为重要。

保证安全的技术措施主要有停电、验电、装设接地线、使用个人保安线、悬挂标示牌和装设遮拦（围栏）等，具体要求详见《国家电网公司电力安全工作规程（配电部分）》。配电网停电检修的安全目标依靠规程制度、人员技能、风险管控、作业程序、安全监护等多个方面共同实现。

停电检修防护措施主要包括：

（1）工作负责人在得到调度当值许可命令前，应召开班前会，向工作班成员进行技术交底，内容应包括：宣布工作任务和停电范围，核对线路名称和设备编号，介绍设备状况及与分布式光伏带电线路交叉或接近的情况，并结合运行方式和工作任务做好危险点分析，布置安全措施，交代注意事项。在明确任务分工后，要求工作班成员在危险源辨识预控卡上签字认可。

（2）得到工作许可后，对停电设备进行验电，确认无电压后，工作人员应立即在工作地段两端挂接地线。

（3）工作前，工作负责人再次向工作班成员交代工作任务和停电范围，使工作人员熟悉工作点附近带电部分，采取安全措施。工作人员再次核对线路名称、设备编号后方可开始工作。工作负责人必须始终在工作现场，对工作班人员认真监护，及时纠正不安全行为。

（4）检修工作结束后，工作负责人检查所有工作人员及工具、材料等是否全部从杆塔和设备上撤下，接地线是否全部拆除，经核实无误后，方准许联系调度结束工作票。

（5）接地线拆除后，即认为线路带电，检修人员不得再登上杆塔和设备进行任何工作。检修工作结束后，工作负责人召开班后会，总结评价当班工作和安全情况，并做好记录。

二、光伏发电设备检修及安全防护

（一）分布式光伏电站检修

（1）光伏组件无故障时，大部分设备可带电维护。

（2）10kV 光伏发电设备一般配备监控系统，对于负荷和设备运行状况监控较为全面，开展状态检修工作条件更好。

（3）分布式光伏自身的检修计划会对供电企业的检修计划产生影响，应尽量避免因多个分布式光伏同时检修导致的系统备用容量不足等情况出现。

（4）分布式光伏系统的日常维护工作量不大，为不影响光伏发电设备出力，可选择在日照较差，或傍晚等光伏发电设备无法正常工作的时间段进行检修，尽量减少停电损失；或在配电网检修时安排分布式光伏系统一并检修。

（二）光伏发电设备检修安全防护

光伏组件在光照下产生的直流电随着光线的增强而增强，所以触碰组件电子线路会有遭到电击或者烧伤风险，30V 或更高的直流电压甚至有可能致命，因此必须做好以下安全防护工作：

（1）进入施工现场的任何人员必须按标准佩戴好安全帽，系挂好安全带。

（2）注意断开电压的顺序。断开交流或直流电压顺序：首先断开交流电压，然后断开直流电压。

（3）现场施工人员戴好防护眼镜，尤其是高处作业下侧方的配合人员等。

（4）在高处作业范围及高处落物的伤害范围内，须设置安全警示标志，并设专人进行安全监护，防止无关人员进入作业范围和落物伤人。

（5）所有电气绝缘、电气检验工具应妥善保管，严禁他用。

第二节　含分布式光伏接入配电网的巡视维护

分布式光伏的巡视和缺陷维护范围包括公共电网侧和分布式光伏并网侧。国家电网公司 2013 年下发的文件《关于做好分布式光伏电源并网服务工作的意见》（国家电网办〔2012〕1560 号）中规定："接入公共电网的分布式电源项目，其接入系统工程（含通信专网）以及接入引起的公共电网改造部分由国家电网公司投资建设。接入用户侧的分布式电源项目，其接入系统工程由项目业主投资建设，接入引起的公共电网改造部分由国家电网公司投资建设。"根据这一原则确定缺陷维护范围归属：公共电网侧缺陷维护由供电部门后续巡视维护，分布式光伏侧由项目业主后续巡视维护，采用人工巡视和无人机巡视等方式进行。

缺陷严重程度分为Ⅰ、Ⅱ、Ⅲ类缺陷，Ⅰ类、Ⅱ类分别属于危急、严重的缺陷，Ⅲ类是指性质一般、情况较轻、对安全运行影响不大的缺陷。缺陷管理遵循闭环管理原则，全过程包括：发现缺陷→登记缺陷→审核缺陷→安排检修→消除缺陷→运行验收。发现缺陷时，应根据缺陷的严重程度安排工作，进行消缺处理。

一、配电网光伏并网常规设备的巡视和维护的一般原则

（1）巡视检查人员应随身携带相关资料及常用工具、备件，穿戴个人防护用品。

（2）巡视检查人员应按事先确定的路径和顺序开展巡视检查工作，巡视时认真做好记录，及时报告巡视检查结果。

（3）检查工作中遇有危及人身、设备安全情况时，应果断采取确保人身、设备安全的应急措施，并立即报告，等候处理。

（4）光伏电站系统的运行与维护应保证系统本身安全，以及系统不会对人员造成危害，并使系统维持最大的发电能力。

（5）光伏电站系统的主要部件应始终运行在产品标准规定的范围之内，达不到要求的部件应及时维修或更换。

（6）光伏电站系统的主要部件周围不得堆积易燃易爆物品，设备本身及周围环境应通风散热良好，设备上的灰尘和污物应及时清理。

（7）光伏电站系统的主要部件上的各种警示标识应保持完整，各个接线端子应牢固可靠，设备的接线孔处应采取有效措施防止蛇、鼠等小动物进入设备内部。

（8）光伏电站系统的主要部件在运行时，温度、声音、气味等不应出现异常情况，指示灯应正常工作并保持清洁。

（9）光伏电站系统中作为显示和交易的计量设备和器具必须符合计量法的要求，并定期校准。

（10）光伏电站系统运行和维护人员应具备与自身职责相应的专业技能。在工作之前必须做好安全准备，断开所有应断开开关，确保电容、电感放电完全，必要时应穿绝缘鞋、戴绝缘手套，使用绝缘工具，工作完毕后应排除系统可能存在的事故隐患。

（11）光伏电站系统运行和维护的全部过程需要进行详细的记录，对于所有记录必须妥善保管，并对每次故障记录进行分析。

二、光伏电站巡视和维护的主要内容

（一）光伏组件及光伏支架

1. 巡视检查

（1）光伏组件。建议巡视周期为每月一次的项目包括：

1）光伏组件有无裂纹、热斑，防护玻璃有无破损。

2）光伏组件有无气泡、EVA 有无脱层、水汽及明显变色现象，如图 4-2 和图 4-3 所示。

图 4-2　光伏组件封装材料变色

图 4-3　光伏组件脱层

3）组件背板有无划痕、开胶、鼓包、气泡、变色等现象。

4）接线盒有无出现变形、开裂、老化及烧损现象，接线端子无法良好连接，如图 4-4 和图 4-5 所示。

5）光伏组件引线是否破损（或烧损），MC4 插头是否松动，如图 4-6 所示。

6）光伏组件边框是否变形，接地是否紧固，固定螺栓有无松动，两者之间接触电阻应不大于 4Ω，如图 4-7 所示。

7）光伏组件表面是否有污物、灰尘、阴影等，如图4-8所示。

图4-4 光伏组件接线盒变形

图4-5 接线盒损坏

图4-6 MC4插头断开

图4-7 光伏组件松动

图4-8 光伏组件表面落叶遮盖

8）光伏组件上的带电警告标识有无破损缺失。

建议巡视周期为每季一次的项目包括：对光伏组件温度检测，可使用红外热成像仪或红外测温仪，测量光伏组件正面、背板、接线盒等部位温度，应无异常升高现象。

（2）光伏组件测试。建议巡视周期为半年的项目包括：

1）组串绝缘电阻测试。进行光伏组串绝缘电阻测试前，应将光伏组件与其他电气设备的连接断开。光伏组串中载流部分对地（外壳）绝缘电阻应≥20MΩ。光伏组件绝缘电阻测试方法符合《地面用晶体硅光伏组件 设计鉴定和定型》（GB/T 9535—1998）的规定。

2）相同测试条件下，相同光伏组串之间的开路电压偏差不宜大于2%，但最大偏差不应超过5V。

3）在发电条件下，使用钳形电流表对汇流箱内光伏组串的电流进行测试，相同测试条件下且辐照度≥700W/m² 时，相同光伏组串之间的电流偏差不应大于5%。

4）在太阳辐照度良好且无阴影遮挡时，测量同一光伏组件外表面（组件正上方区域），当温度稳定后，温度差异应小于20℃。

5）光伏组串测试完成后，应按照表4-1所示格式填写记录。

（3）光伏支架。建议巡视周期每季一次的项目包括：

1）光伏组件支架整体有无变形、错位、松动。

2）采取预制基座安装的光伏组件支架，预制基础应保持平稳、整齐，不得移动。

3）光伏组件支架与主接地网连接良好，无松动、锈蚀现象。

4）检查跟踪式支架转动是否灵活，跟踪是否正常，支架控制箱内有无积灰、污垢，各元件螺栓有无松动等。支架下端如在屋面固定，应定期查看屋面防水是否完整可靠。

表 4-1 光伏组串回路测试记录表

电站名称								
安装位置：			测试日期：			天气情况：		
序号	组串编号	组串数量	工作电压/V	工作电流/A	组串温度/℃	辐照度/（W/m²）	环境温度/℃	测试时间
1								
2								
3								

建议巡视周期每半年一次的项目包括：

1）受力构件、连接构件和连接螺栓有无缺失、损坏、松动、生锈，焊缝不应开焊。

2）金属材料的防腐层应完整，不应有剥落、锈蚀现象。

2. 维护检修

（1）光伏组件的清洁。

光伏组件在运行中应表面干净，以保证组件转换效率。光伏组件的清洁周期应综合考虑电站所在地的人工工资、水资源价格、环境政策等因素制定，但在下列情况下宜进行清洁：

1）在相同辐照度下，剔除组件衰减因素，电站发电功率下降 5%时。

2）光伏组件出现污秽、鸟粪等异物时。

3）巡检时发现光伏组件表面灰尘较多时。

（2）光伏组件的清洁方式及要求。

1）环境温度高于 5℃时，宜采用水清洗的方式。要求清洗用水水质干净无腐蚀，清洗水流压力不得超过光伏组件最大承受压力的 50%～60%。

2）环境温度低于 5℃时，不宜采用水清洁方式。严禁在风力大于 4 级、大雨、大雪的气象条件下清洗电池组件。不应使用腐蚀性溶剂或硬物擦拭，以免损伤表面。

3）组件清洁时间根据季节及天气状况的不同进行适当调整或辐照度低于 200W/m² 时进行，不宜使用与组件温差较大的液体清洗组件。

4）严禁清洗组件背面。

（3）光伏组件的更换。

1）更换光伏组件应按照同组串相同的型号、规格进行更换。

2）光伏组件的搬运应由两人共同进行，应做到轻搬轻放。

3）更换光伏组件前，必须先断开相应的汇流箱开关、支路保险，再断开相连光伏组件接线。组串式逆变器应先停机，后断开组串式逆变器对应直流支路插头。

4）在安装光伏组件时应做好光伏组件的防护工作，防止光伏组件损坏。

5）拆装时不应碰及其他完好的光伏组件。更换高处光伏组件时，应使用合适的踩踏工具，并做好防坠落措施，避免对周围组件、接线等造成损坏。

图 4-9 光伏组件支架

6）光伏组件更换后的检测内容：检查光伏组件与支架连接牢固，接地线可靠连接。检查光伏组件连接极性正确，MC4 插头连接牢固可靠。光伏组件进行组串连接后，应对光伏组串的开路电压和工作电流进行测试。

（4）光伏支架的维护。光伏组件支架如图 4-9 所示。

1）紧固支架各构件松动的螺栓。

2）受力构件、连接构件和连接螺栓有损坏、松动、生锈，应及时进行更换，缺失及时补换。

3）支架各构件有焊缝开焊应进行补焊，补焊完成后要进行防腐处理。

4）检查跟踪系统光伏组件支架跟踪、大风、大雪保护功能正常，清扫控制箱内、电动机表面灰尘、污秽，紧固跟踪系统控制箱内各元件螺栓。检查跟踪式支架轴承内润滑油充足，必要时进行补充、更换。

5）绝缘测试：测试跟踪电动机及线缆绝缘应符合工作要求。

（二）汇流箱、直流配电柜

1. 巡视检查

（1）汇流箱。

建议巡视周期为每天一次的项目包括：汇流箱数据通信应正常。

建议巡视周期为每月一次的项目包括：

1）汇流箱应固定牢固，接地可靠。

2）汇流箱密封良好，箱内有无灰尘、受潮。

3）汇流箱熔断器容量满足要求，箱内各连接端子有无松动、发热、烧损现象。

建议巡视周期为每季一次的项目包括：

1）箱体外观有无变形、漏水、积灰。

2）箱体外表面的安全警示标识应完整无破损。

3）箱体上的防水锁应启闭灵活。

4）直流汇流箱内防雷器应有效。

（2）直流配电柜。

建议巡视周期为每月一次的项目包括：

1）直流配电柜不得存在变形、锈蚀、漏水、积灰现象，箱体外表面的安全警示标识应完整无破损，箱体上的防水锁开启应灵活。

2）直流配电柜内各个接线端子不应出现松动、锈蚀现象，柜内接线及开关应无发热、烧黑等痕迹。

3）柜内防雷接地是否完好。

4）支持绝缘子有无裂纹、破损。

5）电缆防火封堵应完整。

6）盘柜表计指示是否正常。

7）温度检测：使用红外热成像仪或红外测温仪，测量直流配电柜断路器、导线连接等部位温度，应无异常升高现象。

建议巡视周期为每季一次的项目包括：

1）直流配电柜的直流输入接口与汇流箱的连接应稳定可靠。

2）直流配电柜的直流输出与并网主机直流输入处的连接应稳定可靠。

3）直流配电柜内的直流断路器动作应灵活，性能应稳定可靠。

建议巡视周期为每半年一次的项目包括：

绝缘电阻测试（含电缆）：直流配电柜进线端及出线端对接绝缘电阻≥20MΩ。

建议巡视周期为每年一次的项目包括：直流输出母线的正极对地、负极对地的绝缘电阻应大于 2MΩ。

2. 维护检修

（1）汇流箱。

1）检查箱体外观，如存在问题，进行处理。

2）检查箱体固定安装。如箱体固定有松动，进行处理。

3）检查箱内各支路接线端子，如有松动、锈蚀现象，进行处理。

4）检查箱内的高压直流熔断器和二极管，如有熔断、击穿，进行调换。

5）检查断路器，其分断功能应灵活、可靠。

6）若有损坏的元器件，应及时更换。

7）应清扫汇流箱内外。

8）投运后，测量汇流箱的输入、输出电压值。

（2）直流配电柜。

1）应清扫直流配电柜。

2）配电柜内部接线如有发热、变形、烧损等现象，进行处理。

3）箱内各支路接线端子如有松动、锈蚀现象，进行处理。

4）断路器、避雷器及接地进行降阻处理。

5）检查电缆防火封堵，若存在问题，进行处理。

6）进行表计校验。

7）若有损坏的元器件，应及时更换。

8）缺失、损坏的标志标号应补充更换。

9）投运后，测量输入、输出电压值。

（三）逆变器

逆变器外形如图 4-10 所示，其显示屏如图 4-11 所示。

1. 巡视检查

巡视周期为每天一次的项目包括：逆变器通信数据传输是否正常。

巡视周期为每季一次的项目包括：

（1）柜体外观检查有无变形、剥落、锈蚀及裂痕等现象。

（2）逆变器运行时是否显示正常，有无故障信号及异常声音。

（3）逆变器模块运行是否正常，控制器的过充电电压、过放电电压的设置是否符合设计要求。

图 4-10　逆变器外观

图 4-11　逆变器显示屏

（4）检查逆变器交直流侧电缆运行是否正常，有无放电和过热迹象。

（5）检查逆变器交直流侧开关状态是否正常，有无跳闸、放电和过热现象。

（6）检查逆变器柜门闭锁是否正常。

（7）逆变器中模块、电抗器、变压器的散热器风扇根据温度自行启动和停止功能是否正常，散热风扇运行时有无较大振动及异常噪声，逆变器风道有无堵塞。

（8）逆变器上的警示标识应完整无破损。

（9）柜体内部不应出现锈蚀、积灰等现象。

（10）检查逆变器室环境温度是否在正常范围内，逆变器室通风系统工作应正常。

（11）温度检测：使用红外热成像仪或红外测温仪测量逆变器及导体连接等部位温度，有无异常升高现象。

（12）逆变器的电能质量和保护功能，正常情况下每两年检测一次，由具有专业资质的人员进行。

（13）逆变器内部各设备无锈蚀、损坏现象，螺栓应紧固。

（14）检查逆变器内部元件有无过热、烧损现象。

（15）检查逆变器各接点有无变色等现象。

（16）检查逆变器风道及轴流风机有无污垢或堵塞。

（17）定期将交流输出侧（网侧）断路器断开一次，逆变器应立即停止向电网馈电。

（18）检查电抗器引线的绝缘包扎情况，无变形、变脆、破损，引线无断股，引线与引线接头处焊接良好，无过热现象。

（19）检查电抗器绝缘支架有无松动或裂纹、位移情况，并检查引线在绝缘支架内的固定情况。

（20）测量逆变器工作电源是否正常。

（21）检查断路器、隔离开关、接触器有无发热、烧损现象，手动分合是否正常、接触良好。

2.　维护检修

（1）逆变器停运 15～20min 后方可进行维护检修工作。

（2）逆变器控制元件检修时，需由熟悉该控制元件的专业技术人员进行。

（3）逆变器防雷器是否正常，正常为绿色，红色则需更换。

（4）更换损坏的元器件（逆变器中直流母线电容温度过高或超过使用年限，应及时更换）。

（5）逆变器、通风防尘网及柜体等应进行清扫。

（6）检查电缆防火封堵，若存在问题，进行处理。

（7）逆变器检修后投运前的检查内容包括：

1）在投运前，检查直流和交流端的电压是否符合逆变器的要求，以及极性、相序是否正确等。

2）检查系统的连接均已符合相关标准规范要求，且接地良好。

3）投运前交流侧、直流侧所有开关均为断开状态。

4）在并网之前应对现场光伏阵列进行检查，检查每一列的开路电压是否符合要求。

5）检查相电压及线电压是否都在预定范围内。

6）测量记录每一路直流开路电压。每路电压值应基本相同，不应超过允许的最大直流电压。

7）检查逆变器装置控制单元各设定参数是否正常。

（四）交流配电柜

1. 巡视检查

巡视周期为每半年一次的项目包括：

（1）配电柜的金属架与基础型钢应用镀锌螺栓完好连接，且防松零件齐全。

（2）配电柜标明被控设备编号、名称或操作位置的标识器件应完整，编号应清晰、工整。

（3）母线接头应连接紧密，不应变形，无放电变黑痕迹，绝缘无松动和损坏，紧固连接螺栓不应生锈。

（4）手车、抽出式成套配电柜推拉应灵活，无卡阻碰撞现象；动静头与静触头的中心线应一致，且触头接触紧密。

（5）配电柜中开关、主触点不应有烧熔痕迹，灭弧罩不应烧黑和损坏，紧固各接线螺丝，清洁柜内灰尘。

（6）把各分开关柜从抽屉柜中取出，紧固各接线端子。检查电流互感器、电流表、电能表的安装和接线，手柄操作机构应灵活可靠，紧固断路器进出线，清洁开关柜内和配电柜后面引出线处的灰尘。

（7）低压电器发热物件散热应良好，切换压板应接触良好，信号回路的信号灯、按钮、光字牌、电铃、电筒、事故电钟等动作和信号显示准确。

（8）检验柜、屏、台、箱、盘间线路的线间和线对地间绝缘电阻值，馈电线路必须大于 $0.5M\Omega$，二次回路必须大于 $1M\Omega$。

2. 维护检修

（1）交流配电柜维护前应提前通知停电起止时间，并将维护所需工具准备齐全。

（2）停电后应验电，确保在配电柜不带电的状态下进行维护。

（3）在分段保养配电柜时，带电和不带电配电柜交界处应装设隔离装置。

（4）操作交流侧真空断路器时，应穿绝缘靴，戴绝缘手套，并有专人监护。

（5）在电容器对地放电之前，严禁触摸电容器柜。

（6）配电柜保养完毕送电前，应先检查有无工具遗留在配电柜内。

（7）配电柜保养完毕后，拆除安全装置，断开高压侧接地开关，合上真空断路器，观察变压器投入运行无误后，向低压配电柜逐级送电。

（五）交直流电缆（桥架）

1. 巡视检查

巡视周期为每半年一次的项目包括：

（1）电缆不应在过负荷的状态下运行，电缆的铅包不应出现膨胀、龟裂现象。

（2）检查室内电缆明沟时，要防止损坏电缆；确保支架接地与沟内散热良好。

（3）直埋电缆线路沿线的标桩应完好无缺；路径附近地面无挖掘；确保沿路径地面上无堆放重物、建材及临时设施，无腐蚀性物质排泄；确保室外露地面电缆保护设施完好，如图 4-12 和图 4-13 所示。

图 4-12　电缆直角转弯，且压在支架 　　　图 4-13　长时间后，电缆穿管处最容易损坏

（4）确保电缆沟或电缆井的盖板完好无缺；沟道中不应有积水或杂物，如图 4-14 所示；确保沟内支架应牢固，无锈蚀、松动现象；铠装电缆外皮及铠装不应有严重锈蚀。

图 4-14　设备房内的电缆井有渗水与积水现象

（5）多根并列敷设的电缆，应检查电流分配和电缆外皮的温度，防止因接触不良导致电缆烧坏连接点。

（6）金属电缆桥架及其支架和引入或引出的金属电缆导管必须接地（PE）或接零（PEN）可靠；桥架与桥架间应用接地线可靠连接。

（7）桥架穿墙处防火封堵应严密无脱落；确保桥架与支架间螺栓、桥架连接板螺栓固定完好；桥架不应出现积水。

2. 维护检修

（1）应及时清理室外电缆井内的堆积物、垃圾；如电缆外皮损坏，应进行处理。

（2）电缆在进出设备处的部位应封堵完好，不应存在直径大于 10mm 的孔洞，否则用防火堵泥封堵。

（3）确保电缆终端头接地良好，绝缘套管完好、清洁，无闪络放电痕迹；确保电缆相色明显。

（4）电缆对设备外壳压力、拉力过大部位，电缆的支撑点应完好。

（5）电缆保护钢管口不应有穿孔、裂缝和显著的凹凸不平，内壁应光滑；金属电缆管不应有严重锈蚀；不应有毛刺、硬物、垃圾，如有毛刺，锉光后用电缆外套包裹并扎紧。

（六）接地与防雷系统

防雷接地如图 4-15 所示。

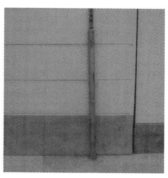

图 4-15　防雷接地

1. 巡视检查

建议巡视周期为每半年一次的项目包括：

（1）光伏接地系统与建筑结构钢筋的连接应可靠。

（2）光伏组件、支架、电缆金属铠装与屋面金属接地网格的连接应可靠。

（3）光伏方阵与防雷系统共用接地线的接地电阻应符合相关规定。

（4）光伏方阵防雷保护器应有效，并在雷雨季节到来之前、雷雨过后及时检查。

建议巡视周期为每年一次的项目包括：光伏方阵的监视、控制系统、功率调节设备接地线与防雷系统之间的过电压保护装置功能应有效，其接地电阻应符合相关规定。

2. 维护检修

（1）定期测量接地装置的接地电阻值是否满足设计要求。

（2）定期检查各设备部件与接地系统是否连接可靠，若出现连接不牢靠，必须要焊接牢固。

（3）在雷雨过后或雷雨季到来之前，检查方阵汇流盒及各设备内安装的防雷保护器是

图 4-16 光伏系统与建筑物结合部分

否失效，并根据需要及时更换。

（七）光伏系统与建筑物结合部分

光伏系统与建筑物结合部分如图 4-16 所示。

1. 巡视检查

建议巡视周期为每半年一次的项目包括：

（1）光伏系统应与建筑主体结构连接牢固，在台风、暴雨等恶劣的自然天气过后应普查光伏方阵的方位角及倾角，使其符合设计要求。

（2）光伏方阵整体不应有变形、错位、松动。

（3）用于固定光伏方阵的植筋或后置螺栓不应松动；采取预制基座安装的光伏方阵，预制基座应放置平稳、整齐，位置不得移动。

（4）光伏方阵的主要受力构件、连接构件和连接螺栓不应损坏、松动，焊缝不应开焊，金属材料的防锈涂膜应完整，不应有剥落、锈蚀现象。

（5）光伏方阵的支承结构之间不应存在其他设施；光伏系统区域内严禁增设对光伏系统运行及安全可能产生影响的设施。

2. 维护检修

（1）如因混凝土基础强度不足，导致锚栓松动，则需提高混凝土质量，更换混凝土基础；如是锚栓本身质量问题，则需联系生产厂家更换购买锚栓或化学药剂。

（2）如因安装过程中螺栓未拧紧，则需重新拧紧螺栓；如因螺栓质量问题，或在极端恶劣气候条件下，导致构件孔位扩孔，则需联系生产厂家更换或购买。

（3）安装过程中螺栓未拧紧，导致压码松动、错位，则需重新安装压码组件。

（4）如因支架构件变形，导致组件不平整，则需对支架构件纠正变形，或更换支架构件。如因安装时未控制好支架平整度，则需重新调整支架达到水平对齐、高度一致。

（5）在运输、现场二次搬运的过程中，应注意小心轻放；在安装过程中，应避免构件碰撞或利器、重物敲击构件，避免镀锌层被破坏。镀锌层被破坏后，应立即刷环氧富锌漆，漆层厚度不小于 120μm。在镀锌层被腐蚀耗尽以后，出现生锈现象，应采用砂纸人工打磨除锈，后刷环氧富锌漆或其他防腐油漆保护。

（八）蓄电池

1. 巡视检查

建议巡视周期为每周一次的项目包括：

（1）蓄电池室温度宜控制在 5～25℃，通风措施应运行良好；在气温较低时，应对蓄电池采取适当的保温措施。

（2）蓄电池在使用过程中应避免过充电和过放电。

建议巡视周期为每月一次的项目包括：

（1）蓄电池的上方和周围不得堆放杂物。

（2）蓄电池表面应保持清洁，如出现腐蚀漏液、凹瘪或鼓胀现象，应及时处理，并查找原因。

（3）若遇连续多日阴雨天，造成蓄电池充电不足，应停止或缩短对负载的供电时间。

建议巡视周期为每季一次的项目包括：蓄电池单体间连接螺丝应保持紧固。

2．维护检修

（1）当维护或更换蓄电池时，所用工具（如扳手等）必须带绝缘套。

（2）应定期对蓄电池进行均衡充电，一般每季度要进行 2～3 次。若蓄电池组中单体电池的电压异常，应及时处理。

（3）对停用时间超过 3 个月以上的蓄电池，应补充充电后再投入运行。

（4）更换电池时，最好采用同品牌、同型号的电池，以保证其电压、容量、充放电特性、外形尺寸的一致性。

（九）数据通信系统

1．巡视检查

建议巡视周期为每天一次的项目包括：对于无人值守的数据传输系统，系统的终端显示器每天至少检查一次有无故障报警，如果有故障报警，应该及时通知相关专业公司进行维修。

建议巡视周期为每周一次的项目包括：监控及数据传输系统的设备应保持外观完好，螺栓和密封件应齐全，操作键接触良好，显示读数清晰。

建议巡视周期为每半年一次的项目包括：每年至少校验一次数据传输系统中输入数据的传感器灵敏度，同时对系统的 A/D 变换器的精度进行检验。

2．维护检修

（1）数据传输系统中的主要部件，凡是超过使用年限的，均应及时更换。

（2）设备损坏应及时调换。

（十）接户线（380/220V 光伏）

1．巡视检查

建议巡视周期为每月一次的项目包括：

（1）接户线导线的绝缘层完好，绝缘层无开裂现象。

（2）接户线与低压线如果采用铜线与铝线连接，应采取加装铜铝过渡接头的措施，且铜铝接点运行良好。

（3）导线绝缘完好，弧垂及对各种设施的距离及间距符合规定，铜铝接点有可靠的过渡措施；集束型电缆的接户线搭头接触良好，无发热情况。

（4）接户线穿墙至表箱部分沿墙固定，引线穿墙时呈弧状，并作滴水湾。

（5）接户线支架安装牢固，对地距离不小于 2.7m。

2．维护检修

接户线发现缺陷，根据缺陷等级，制订消缺计划，进行维护。

（十一）光伏并网发电表箱（380/220V 光伏）

1．巡视检查

建议巡视周期为每月一次的项目包括：

（1）发电表箱应牢固地安装在墙上或支架上；表箱安装中心距地面高度宜为 1.4～1.8m；

金属配电箱的外壳接地良好。

（2）外壳无老化变形，窥视窗玻璃无破损或脱落，无渗、漏水和气雾现象，门锁完好。

（3）箱内电器设备完好，漏电保护装置试跳灵敏，并网开关及浪涌设备状态正常，超过使用年限的，均应及时更换。

（4）切断用户进户线电网侧开关，检查并网点开关和逆变器是否断开。如正常断开，则并网开关低电压跳闸和逆变器防孤岛保护功能测试正常。

（5）检查计量装置是否运行正常，金属配电箱的外壳是否接地良好。

（6）光伏并网发电表箱各个接线端子不应出现松动、锈蚀、发热等现象。

（7）数据传输系统的设备应保持外观完好，螺栓和密封件应齐全，操作键接触良好，显示读数清晰。

（8）售后服务的宣传内容、安全标识齐全。

2. 维护检修

（1）停电后应验电，确保在发电表箱不带电的状态下进行维护。

（2）发电表箱维护后，逐级送电，并观察逆变器的发电并网情况。

（3）损坏器件应更换。

（4）缺失、损坏的标志标号应补充更换。

三、维护和验收规则

光伏电站系统巡检项目，应由符合表 4-2 要求的专门人员进行维护和验收。

表 4-2   **光伏维护和验收人员资格**

维护级别	维护内容	维护人员资质
1 级	（1）不涉及系统中带电体； （2）清洁组件表面灰尘； （3）紧固方阵螺钉	经过光伏知识培训的操作工
2 级	（1）紧固导电体螺钉； （2）清洁控制器、逆变器、配输电系统、蓄电池； （3）更换熔断器、开关等元件	经过光伏知识培训的有电工上岗证的技工
3 级	（1）逆变器电能质量检查、维护； （2）逆变器安全性能检查、维护； （3）数据传输系统的检查、维护	设备制造企业的相关专业技术人员
4 级	光伏系统与建筑物结合部位出现故障	建筑专业的相关技术人员

第三节　光伏电站发电量的影响因素及改善方法

一、影响光伏电站发电量的主要因素

光伏发电系统效率受外界影响有所损失，包括遮挡、灰层、组件衰减、温度影响、组件匹配、MPPT 精度、逆变器效率、变压器效率、直流和交流线路损失等。每个因素对效率的影响也不同，在项目前期要注意系统的最优化设计，项目运行过程采取一定的措施减

少灰尘等遮挡对系统的影响。

光伏电站发电量计算方法：理论年发电量=年平均太阳辐射总量×电池总面积×光电转换效率。但由于各种因素的影响，光伏电站发电量实际上并没有那么多，实际年发电量=理论年发电量×实际发电效率。影响光伏电站发电量的主要因素如下。

（一）太阳辐射量

光伏电池组件是将太阳能转化为电能的装置，光照辐射强度直接影响着发电量。各地区的太阳能辐射量数据可以通过 NASA 气象资料查询网站获取，也可以借助光伏设计软件，如 PV-SYS、RETScreen 得到。

（二）光伏电池组件的倾斜角度

从气象站得到的数据一般为水平面上的太阳辐射量，换算成光伏阵列倾斜面的辐射量后，才能进行光伏系统发电量的计算。最佳倾角与项目所在地的纬度有关，大致经验值如下：

（1）纬度 0°～25°，倾斜角等于纬度。

（2）纬度 26°～40°，倾角等于纬度加 5°～10°。

（3）纬度 41°～55°，倾角等于纬度加 10°～15°。

（三）光伏电池组件转化效率

系统损失和所有产品一样，光伏电站在长达 25 年的寿命周期中，组件效率、电气元件性能会逐步降低，发电量随之逐年递减。除去这些自然老化的因素之外，还有组件、逆变器的质量问题，线路布局、灰尘、串并联损失、线缆损失等多种因素。

一般光伏电站的财务模型中，系统发电量 3 年递减约 5%，20 年后发电量递减到 80%。

1. 组合损失

凡是串联就会由于组件的电流差异造成电流损失；并联就会由于组件的电压差异造成电压损失；而组合损失可达到 8%以上，中国工程建设标准化协会标准规定小于 10%。因此，为了降低组合损失，应注意：

（1）在电站安装前严格挑选电流一致的组件串联。

（2）组件的衰减特性尽可能一致。

2. 灰尘遮挡

在所有影响光伏电站整体发电能力的各种因素中，灰尘是第一大杀手，如图 4-17 所示。灰尘对光伏电站的影响主要有：通过遮蔽达到组件的光线，从而影响发电量；影响散热，从而影响转换效率；具备酸碱性的灰尘长时间沉积在组件表面，侵蚀板面造成板面粗糙不平，

图 4-17 灰尘遮挡

有利于灰尘的进一步积聚，同时增加了阳光的漫反射。所以，组件需要不定期擦拭清洁。

（四）温度特性

温度对光伏组件的影响如图 4-18 所示，温度每上升 1℃，晶体硅太阳能电池最大输出功率下降 0.04%，开路电压下降 0.04%（−2mV/℃），短路电流上升 0.04%。为了减少温度

对发电量的影响，应该保持组件良好的通风条件。

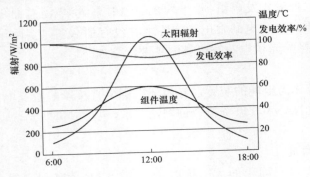

光伏组件的测试标准条件是太阳辐射1000W/m²，电池温度25℃。而在实际应用的自然环境中，这个标准条件是很难达到的。在环境温度为25℃的晴朗中午，地面太阳能辐射达到1000W/m²左右，而此时的开放式支架的光伏组件板温一般达到50～60℃，这将导致晶硅光伏组件的输出功率下降10%～13%。而组件背部如果与建筑紧密结合，将导致通风不良，散热不好，板温将比开放式支架的组件温度高5～10℃。也就是说，如果光伏组件在建筑一体化设计中考虑不周或安装不合适，由于组件温度升高的影响，将导致输出将下降15%～18%甚至更多。

图 4-18　温度对光伏组件的影响

（五）线路损失

系统的直流、交流回路的线损要控制在 5%以内。为此，设计上要采用导电性能好的导线，导线需要有足够的直径。系统维护中要特别注意接插件及接线端子是否牢固。

（六）逆变器效率

逆变器由于有电感、变压器和 IGBT、MOSFET 等功率器件，因此在运行时会产生损耗。一般组串式逆变器效率为 97%～98%，集中式逆变器效率为 98%，变压器效率为 99%。

（七）阴影及异物遮挡

（1）在分布式光伏电站中，周围如果有高大的建筑物，就会对组件造成阴影，设计时应尽量避开。根据电路原理，组件串联时，电流是由最少的一块光伏板决定的，因此如果有一块有阴影、树叶、鸟粪等，就会影响这一路组件的发电功率，如图 4-19 和图 4-20 所示。

（a）　　　　　　　　　　　　（b）

图 4-19　阴影遮挡

（a）方阵之间阴影；（b）树阴影遮挡

（2）当组件上有积雪时，也会影响发电，必须尽快扫除。

（3）有些组件由于边缘的边框容易积灰，造成组件的遮挡，当灰积到一定程度时，组件的功率会明显下降。

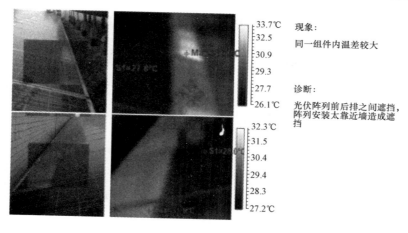

现象：
同一组件内温差较大

诊断：
光伏阵列前后排之间遮挡，阵列安装太靠近墙造成遮挡

图 4-20　阵列遮挡

二、提高分布式光伏发电系统发电量的方法

分布式光伏发电系统发电量主要受组件、逆变器、电缆、方阵设计倾角、组件清洁程度等因素影响。在屋面资源一定的情况下，提高系统发电量主要可以从以下四个方面考虑。

（一）选择优质产品

选择行业知名品牌、售后质保佳、获得监测认证证书的产品；建议选择的系统各部件和材料为市面上口碑好的、售后服务好的产品，合格的产品能降低故障发生率。

（二）降低系统损耗

1. 优化系统设计

优化方阵设计，减少或避免阴影遮挡；优化光伏组件与逆变器之间的电压、电流匹配，提升 MPPT 效率。

2. 减少损耗

减少各种电缆及开关器件传输损耗。

3. 组件匹配

注重减少组件失配，组件电流分档，减少"木桶效应"引起的输出电缆影响。

（三）最佳方阵朝向和倾角设计

在条件允许的情况下，尽可能做到方阵最佳朝向和倾角设计，要考虑屋顶面积资源、装机容量、维护方便、投资等各种因素，给予综合优化分析和设计。在彩钢屋面承载力满足的前提下，适当提升方阵倾角，将有利于提高发电量，且便于后期维护。

（四）清洁与维护

定期喷淋清洗组件，可明显提高发电量。有条件的单位，可增加组件喷淋系统。为了避免在高温和强烈光照下擦拭组件对人身的电击伤害及可能对组件造成的破坏，建议在早晨或者下午较晚的时候进行组件清洁工作。建议清洁光伏组件玻璃表面时用柔软的刷子、干净温和的水，清洁时使用的力度要小，以避免损坏玻璃表面，有镀膜玻璃的组件要注意避免损坏玻璃层。水较大的地区一般不需要人工擦拭，非雨季节大概每月清洁一次，降尘量较大的地区可以增加清洁次数，降雪量大的地区及时将厚重积雪去除，避免影响发电量和雪融后产生的不均匀，及时清理遮挡的树木、鸟粪等污渍杂物。现阶段光伏电站的清洁主要有人工清洗、高压水枪清洗、专业设备清洗。清洗之后的电站发电量提高 5%～30%，清洗频率每年十次或每月一次不等。组件清洗前后对比如图 4-21 所示。

1. 人工清洗

人工清洗是目前使用最广泛的方式，如图 4-22 所示。

图 4-21　组件清洗前后对比　　　　　图 4-22　人工清洗

优点：费用低。

缺点：人员不易管理；清洁效果差；对组件玻璃有磨损；影响透光率和寿命。

2. 高压水枪清洗

高压水枪清洗如图 4-23 所示。

优点：清洗效果好。

缺点：用水量较大，1MW 用水量约为 10t；水枪压力过大，会造成组件隐裂；在车辆无法行驶的山地中无法使用。

3. 专业设备清洗

专业设备清洗如图 4-24 所示。

图 4-23　高压水枪清洗　　　　　　图 4-24　专业设备清洗

优点：用水量较小；清洗速度快、效果好。

缺点：适用于组件前后间距较宽的场地；随车车辆的非直线运动，组件受到的压力大小不均；需要专业人员操作。

第四节 分布式光伏电站的常见故障及处理

一、分布式光伏电站监控系统在线监测

分布式光伏电站监控系统利用数字化信息化技术，来统一标定和处理光伏电站的信息采集、传输、处理、通信，整合光伏电站设备监控管理、状态监测管理系统、综合自动保护系统，实现光伏电站数据共享和远程监控，并进行异常情况的故障判断。

（一）光伏电站监控系统的分类

1. 无线网络的分布式监控系统

无线网络的分布式监控系统一般应用于安装区域比较分散，采用分块发电、低压分散并网的中小型屋顶光伏电站。由于其采用 GPRS 无线公网传输，数据稳定性和安全性得不到保证，因此一般不应用于 10kV 及以上电压等级并网的光伏电站。

2. 光纤网络的集中式监控系统

光纤网络的集中式监控系统一般应用于大型地面光伏电站，或并网电压等级为 10kV 及以上的屋顶光伏电站。

（二）信息化管理系统

1. 无线网络的分布式监控系统

（1）每个监控子站分别通过 RS485 通信采集光伏并网逆变器、电能表和气象站的数据，通过 Ethernet/WiFi/GPRS 等多种通信手段将数据发送到相关本地服务器或者远程服务器，再通过网络客户端进行数据显示，如图 4-25 所示。

（2）用户也可以登录远程服务器进行数据的实时远程访问，并通过网络客户端、智能手机和平板电脑等进行数据展示。

2. 监控系统的技术要求

分布式光伏发电项目现场需配备数据采集设备，并安装数据采集系统来完成数据的采集和上传，采集系统应符合以下要求：

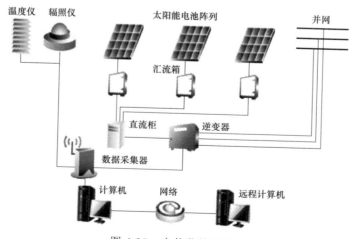

图 4-25　光伏监控系统

（1）数据采集系统应符合 IEC 61724-1（2017）的技术要求。

（2）光伏发电系统的现场数据采集方案应符合电网公司规定。

（3）数据采集设备必须满足数据采集、处理、发送和命令接收并具有缓存功能，可实现断点续传功能。

（4）数据采集设备必须保证数据的可靠性、完整性及数据的可追溯性。

（5）数据采集设备需具备与汇流箱、电能表、逆变器、远动装置等设备的通信功能，可实现接口转换和规约转换。

（6）数据采集设备采集数据的传输缺失率不能超过 5‰，对现场设备的数据采集周期应不大于 3s，对现场数据传输到远程数据中心的每次数据发送周期为 1～5min。

（7）数据采集设备具备有线网络/WiFi/4G 等通信功能，数据上传时必须采用加密算法进行身份认证。

（8）数据采集设备能够在分布式光伏发电系统现场多个厂家设备、监控系统共存的情况下获取数据并进行传输。

（9）数据采集设备在分布式光伏发电系统现场接入设备应能够 7×24h 不间断地在 30～80℃室温条件下正常工作。

（10）光伏发电系统的现场数据采集方案需要涵盖主计量表与副计量表，采集数据应包括光伏发电系统发电量、光伏发电系统上网电量、光伏发电系统所在或相连建筑的总耗电量。

3. 监控系统的数据采集参数标准

（1）电站现场环境参数：实时采集包括但不限于分布式光伏发电项目现场的环境温度、风向风速、辐照、光伏组件背板温度等环境数据。

（2）逆变器数据：包括但不限于直流电压、直流电流、直流功率、交流电压、交流电流、逆变器内温度、时钟、频率、功率因数、当前发电功率、日发电量、累计发电量、累计 CO_2 减排量、电网电压过高、电网电压过低、电网频率过高、电网频率过低、直流电压过高、直流电压过低、逆变器过载、逆变器过热、逆变器短路、散热器过热、逆变器孤岛、DSP 故障、通信故障等。

（3）汇流箱数据：包括但不限于光伏阵列输出直流电压、光伏阵列输出直流电流、光伏阵列输出直流功率、各路输入总发电功率、总发电量、汇流箱输出电流、汇流箱输出电压、汇流箱输出功率、电流监测允差报警、传输电缆短路故障告警、空气开关状态故障信息等。

（4）直流柜数据：包括但不限于输入相电压、输入相电流、支路电流、母线开关状态、防雷器状态、故障信息、通信故障告警等。

（5）交流柜数据：包括但不限于光伏发电输出有功功率、无功功率、功率因数、A/B/C 三相电压电流、短路器状态、防雷器状态、故障信息、故障报警等。

（6）电能计量表数据：电压、电流、频率、功率因数、有功功率、无功功率、负荷曲线、总有功、总无功。

（7）其他设备参数：包括但不限于升压变压器、SVG 无功补偿、10kV 汇集线、电能质量监测等设备的运行参数等。

4. 监控系统的通信安全要求

分布式光伏发电系统的通信设计应符合《电力通信运行管理规程》(DL/T 544—2012)、《电力系统自动交换电话网技术规范》(DL/T 598—2010)、国家发改委令 2014 年第 14 号《电力监控系统安全防护规定》，应选用具备控制功能的电力监控系统，监控终端应采用可信计算技术以实现安全免疫。其具体要求如下：

（1）公共机构分布式光伏发电系统的数据通信应保证通信网络专网专用，包括专用无线网络和专用热点等。

（2）发电系统上应用的数据采集系统需要满足通信安全性要求，数据采集系统应基于非对称密钥的加密技术进行身份认证。

（3）发电系统上应用的数据采集设备应取得国家级电力行业信息安全领域综合性科研与技术服务机构出具的符合整体检测要求的检验报告

（4）发电系统通过中、低压并网，需满足电力配网端安全要求：主站与子站/终端无论采用何种通信方式（有线、无线等），必须使用基于非对称密钥实现双方通信实体的双向身份认证。对传输的报文（包括控制命令、参数配置、数据采集等）进行机密性保护和完整性保护。

二、分布式光伏电站的常见故障分析

光伏电站系统由光伏组件、光伏逆变器、汇流箱、光伏背板、光伏支架、交直流电缆等多个部件组成，其中一个环节出现问题，都会影响电站运行。系统问题主要是由于电压未达到启动电压造成逆变器无法工作、无法启动，由于组件或逆变器原因造成发电量低等，轻则损失发电量，重则系统部件出现接线盒烧毁、组件局部烧毁，甚至引起火灾等。据运维公司统计，光伏组件、光伏逆变器、汇流箱等直流侧设备故障占比高达 90.18%，电缆、箱式变压器、土建、升压站等交流侧设备故障占比达 9.82%。光伏电站设备故障柏拉图统计曲线如图 4-26 所示，光伏电站设备类型故障统计如图 4-27 所示。

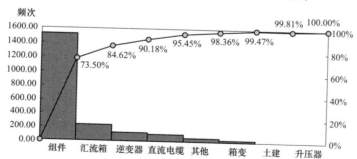

图 4-26　光伏电站设备故障柏拉图统计曲线

（一）光伏组件

光伏组件是电站运行的关键设备，占光伏系统成本的 50% 左右，组件出现问题将严重损害电站收益。业内人士指出，使用质量得不到保障的光伏组件将导致电站开发商在未来承受巨大的财务压力，这个压力会在 5～10 年后显现出来。光伏组件的常见问题主要包括：

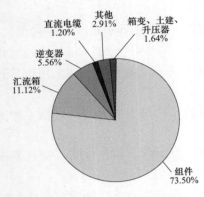

直流电缆 1.20%　其他 2.91%　箱变、土建、升压器 1.64%
逆变器 5.56%
汇流箱 11.12%
组件 73.50%

图 4-27　光伏电站设备类型故障统计

1. 热斑

光伏组件热斑是指组件在阳光照射下，由于部分电池片受到遮挡无法工作，使得被遮盖的部分升温远远大于未被遮盖部分，致使温度过高出现烧坏的暗斑，如图 4-28 所示。

当热斑效应达到一定程度时，组件上的焊点熔化并毁坏栅线，从而导致整个太阳能电池组件的报废。据行业给出的数据显示，热斑效应使太阳能电池组件的实际使用寿命至少减少 10%。

针对某 40MW 光伏电站，现场抽取电站 2000 块光伏组件进行热斑测试，发现大量由于遮挡、组件自身质量导致的热斑现象，热斑发生率达到 3%。其中积尘遮挡和鸟粪造成的热斑大概占 1.3%，组件质量造成热斑发生率大概 1.7%左右。热斑形成的类型如表 4-3 所示。

图 4-28　热斑效应

表 4-3　热 斑 形 成 的 类 型

热斑类型	热斑发生率/%	温差/℃
积尘、鸟粪等遮挡	1.3	>10
组件质量	1.7	>10

组件被遮挡后会诱发其背后的接线盒内的旁路保护元件启动，组件串中高达 9A 左右的直流电流会瞬间加载到旁路器件上，接线盒内将产生大于 100℃的高温。这种高温短期内对电池板和接线盒均影响甚微，但如果阴影影响不消除而长期存在，将严重影响到接线盒和电池板的使用寿命。行业新闻报道中经常出现接线盒被烧毁，遮挡就是罪魁祸首之一。

当同一组串中的某片太阳能电池输出电流明显小于其他太阳能电池输出电流时，这片太阳能电池会成为负载被其他太阳能电池片反向充电而发热，严重时将损坏太阳能电池和封装材料。造成太阳能电池输出电流明显减小的原因主要有遮挡、太阳能电池局部短路和太阳能电池局部杂质过高等。通过红外热成像，可以检测光伏组件是否存在热斑现象。

2. 碎片和隐裂

电池碎片和隐裂一般由外力造成。其中碎片一般可由肉眼看到，对组件的功率输出有较大影响，如图 4-29（a）所示；隐裂通过肉眼难以发现，对组件功率输出有一定影响，容易形成热斑，可发展为碎片，如图 4-29（b）所示。隐裂是指电池片中出现细小裂纹，电池片的隐裂会加速电池片功率衰减，影响组件的正常使用寿命；同时电池片的隐裂会在机械载荷下扩大，有可能导致开路性破坏，隐裂还可能导致热斑效应。

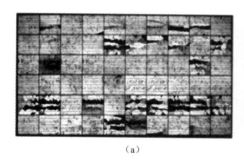
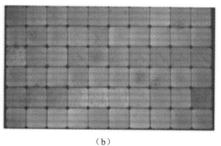

（a）　　　　　　　　　　　　（b）

图 4-29　电池组件的碎片与隐裂

（a）碎片；（b）隐裂

3. 蜗牛纹

蜗牛纹是指太阳电池单元（发电元件）表面上出现黑色或者白色线状图案的现象。因为看起来像是蜗牛爬过之后留下的痕迹，所以俗称蜗牛纹，如图 4-30 和图 4-31 所示。

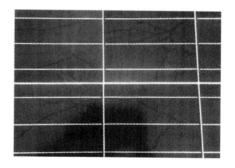

图 4-30　100MW 电站大批组件出现蜗牛纹　　　图 4-31　250MW 电站组件出现严重蜗牛纹

产生蜗牛纹的原因主要有发生裂纹、水分渗透和阳光照射。

电池单元内发生裂纹，水分经由树脂背板和封装材料渗入裂纹内。渗入裂纹的水分与形成电池单元指状电极（细电极）的银发生反应，银离子在封装材料中扩散。在这种状态下，阳光照射到电池板上时，银离子与封装材料中所含的添加物发生化学反应，生成氧化银和硫化银，由此就会沿着裂纹形成黑色或白色线状图案。

4. 功率衰减

光伏组件功率衰减是指随着光照时间的增长，组件输出功率逐渐下降的现象。光伏组件的功率衰减现象大致可分为三类：第一类是由于破坏性因素导致的组件功率衰减；第二类是组件初始的光致衰减；第三类是组件的老化衰减。

据光伏行业协会公布的数据显示，我国已建成的电站里大概 1/3 质量不合格，还有一部分组件 3 年已经衰减了 25 年应该衰减的指标，甚至个别电站建成当年衰减就高达 30% 之多。北京鉴衡认证中心检测曾发现，新疆某 8MW 光伏电站 3178 块光伏组件中红外成像抽检 2856 块，其中 19% 存在虚焊热斑效应；甘肃某 10MW 光伏电站，抽检发现高达 58% 的光伏组件出现功率明显衰减。

5．PID 效应

电位诱发衰减（Potential Induced Degradation，PID）效应是电池组件长期在高电压作用下，使玻璃、封装材料之间存在漏电流，大量电荷聚集在电池片表面，使得电池表面的钝化效果恶化，导致组件性能低于设计标准。PID 现象严重时，会引起一块组件功率衰减 50% 以上，从而影响整个组串的功率输出。高温、高湿、高盐碱的沿海地区最易发生 PID 现象，如图 4-32 所示。

图 4-32　PID 现象

针对 PID 现象产生的机理，组件制造商研发出一系列预防 PID 现象发生的生产工艺，其中包括：使用抗 PID 电池、增加组件复合材料的体积电阻率、降低材料的水气透过率、光伏系统负极接地、双玻无边框组件等。经过试验和实际系统运行数据验证，光伏发电系统即便建立在高温高湿的环境场所中，也能很好地规避 PID 现象的发生。

（二）光伏逆变器

光伏逆变器是光伏电站的"大脑"，担负着将电量由直流变交流的重任，一旦逆变器发生故障，将对整个电站的运行造成影响。逆变器常见故障的处理如表 4-4 所示，光伏逆变器的问题主要包括以下几个方面。

表 4-4　　　　　　　　　　　　　逆变器常见故障的处理

故障类型	故障分类	故障原因分析	故障排除方式
内部元件故障	元件过温	（1）冷却系统故障； （2）风道堵塞； （3）环境温度过高； （4）接触不良	（1）检查冷却系统； （2）疏通风道； （3）通风降温； （4）紧固连接件
	元件本体故障	元件损坏	更换元件
接地故障	内部故障	元件绝缘降低、受损	（1）检查更换受损元件； （2）检查更换避雷器； （3）对设备干燥
	外部故障	绝缘降低、受损	隔离故障点设备，查明故障原因，恢复故障设备
电气量故障	直流侧过、欠电压	（1）大气过电压； （2）内部电容、电抗元件故障； （3）直流输入功率低； （4）直流侧断路器脱扣	（1）检查各元器件； （2）检查更换电容、电抗元件； （3）检查发电单元设备； （4）检查脱扣原因，维修、恢复、更换直流侧断路器

续表

故障类型	故障分类	故障原因分析	故障排除方式
电气量故障	交流侧过、欠电压	（1）电网电压异常； （2）大气过电压	（1）检查电网电压； （2）检查各元器件
	直流侧过电流	（1）直流侧短路； （2）直流输入过载	（1）隔离故障点设备，查明故障原因，恢复故障设备； （2）降负荷运行
	交流侧过电流	交流侧短路	隔离故障点设备，查明故障原因，恢复故障设备
	过、欠频率	电网频率异常	监视电网频率
	交流侧电流不平衡	（1）电流异常； （2）交流侧缺相	（1）检查电流异常的原因； （2）检查交流侧电缆、开关
	保护误动	（1）传感元件损坏； （2）控制元件损坏； （3）二次接线松动	（1）更换元件； （2）紧固接线
	孤岛保护	（1）电网失压； （2）交流断路器脱扣	（1）恢复电网电压； （2）检查脱扣原因、维修、恢复、更换交流侧断路器

1. 直流拉弧

在整个光伏系统中直流侧电压通常高达 600～1000V，由于光伏组件接头接点松脱、接触不良、电线受潮、绝缘破裂等原因而极易引起直流拉弧现象。直流拉弧会导致接触部分温度急剧升高，持续的电弧会产生 3000～7000℃ 的高温，并伴随着高温碳化周围器件，轻者熔断保险、线缆，重者烧毁组件和设备甚至引起火灾，如图 4-33 所示。

图 4-33　逆变器自燃

2. 交流输出侧过/欠压保护

过/欠压保护主要是指电网电压大幅波动，其范围超过 CQC（China Quality Certification Centre，中国质量认证中心）并网标准规定的过/欠压阈值时，逆变器需要停机，并指示出相应停机原因。过/欠电压保护是判定逆变器是否合格的主要考量因素，逆变器 CQC 认证的主要内容包括电磁兼容性（EMC）、安全和并网三部分；过/欠频、过/欠压保护是并网要求中的重要部分之一，保护功能不合格，严重情况下会影响光伏系统的稳定和配电网络的稳定。

3. 谐波和波形畸变

逆变器能造成包括谐波在内的电网干扰。电网干扰是能够在幅度、频率上改变电压与电路的理想正弦曲线的所有现象。

谐波在电能的产生、传输与消费环节都有可能产生，主要来源于电网中非线性的设备与日益增多的电力电子装置。谐波电流的危害在于会在电网短路阻抗上产生谐波电压降，从而影响电压波形（用户端电压=无穷大电网稳定电压－谐波电压降）。

4. 孤岛效应

孤岛效应，指并入公共电网中的发电装置，在电网断电的情况下，却不能检测到或根本没有相应检测手段，仍然向公共电网馈送电量。为了检修人员的安全，电网上必须有一个防孤岛功能的逆变器，但是这个逆变器也存在百分之零点几的盲区。所以，一旦盲区发生，光伏发电站所发的电传到待检修的线路母线上，对检修人员的生命就会造成严重威胁。

5. 监测数据不准确

逆变器监测数据不准确、采样精度不够，造成故障信息判断不准确、不及时。

例如，内蒙古某电站集中式逆变器监控数据与实际发电量严重不符，监控上报值比实际值虚高了 3%。

6. 运行故障

（1）逆变器屏幕无显示。

故障分析：没有直流输入，逆变器 LCD 是由直流供电的。

可能原因：

1）组件电压不够。逆变器工作电压是 100～500V，低于 100V 时，逆变器不工作，组件电压和太阳能辐照度有关。

2）PV 输入端子接反。PV 端子有正负两极，要互相对应，不能和其他组串接反。

3）直流开关没有合上。

4）组件串联时，某一个接头没有接好，如图 4-34 所示。

5）有一组件短路，造成其他组串也不能工作。

解决办法：用万用表电压挡测量逆变器直流输入电压。电压正常时，总电压是各组件电压之和。如果没有电压，依次检测直流开关、接线端子、电缆接头、组件等是否正常。如果有多路组件，要分开单独接入测试。如果逆变器已使用一段时间，没有发现原因，则是逆变器硬件电路发生故障，由逆变器生产厂家售后服务进行处理。

图 4-34　连接头断裂，
导致整个组串不发电

（2）逆变器不并网。

故障分析：逆变器和电网没有连接。

可能原因：

1）交流开关没有合上。

2）逆变器交流输出端子没有接上。

3）接线时，逆变器输出接线端子上排松动了。

解决办法：用万用表电压挡测量逆变器交流输出电压，在正常情况下，输出端子应该有 220V 或者 380V 电压。如果没有，依次检测接线端子是否有松动，交流开关是否闭合，漏电保护开关是否断开。

（3）PV 过压。

故障分析：直流电压过高报警。

可能原因：组件串联数量过多，造成电压超过逆变器的电压。

解决办法：根据组件的温度特性，温度越低，电压越高。单相组串式逆变器输入电压范围是 100～500V，建议组串后电压在 350～400V；三相组串式逆变器输入电压范围是 250～800V，建议组串后电压在 600～650V。在这个电压区间，逆变器效率较高，早晚辐照度低时也可发电，但又不至于电压超出逆变器电压上限，引起报警而停机。

（4）隔离故障。

故障分析：光伏系统对地绝缘电阻小于 $2M\Omega$。

可能原因：太阳能组件、接线盒、直流电缆、逆变器、交流电缆、接线端子等地方有电线对地短路或者绝缘层破坏；PV 接线端子和交流接线外壳松动，导致进水。

解决办法：断开电网、逆变器，依次检查各部件电线对地的电阻，找出问题点，并更换。

（5）漏电流故障。

故障分析：漏电流太大。

解决办法：取下 PV 阵列输入端，然后检查外围的 AC 电网。

直流端和交流端全部断开，让逆变器停电 30min 以上，如果逆变器能自行恢复就继续使用；如果不能恢复，需联系售后技术工程师处理。

（6）电网错误。

故障分析：电网电压和频率过低或者过高。

解决办法：用万用表测量电网电压和频率，如果超出了，等待电网恢复正常。如果电网正常，则是逆变器检测电路板发电故障，应把直流端和交流端全部断开，让逆变器停电 30min 以上，如果逆变器能自行恢复就继续使用；如果不能恢复，需联系售后技术工程师处理。

（7）逆变器硬件故障。

故障分析：逆变器硬件故障分为可恢复故障和不可恢复故障。逆变器电路板、检测电路、功率回路、通信回路等电路有故障。

解决办法：逆变器出现上述硬件故障，应把直流端和交流端全部断开，让逆变器停电 30min 以上，如果逆变器能自行恢复就继续使用；如果不能恢复，需联系售后技术工程师处理。

（8）系统输出功率偏小。

故障分析：系统输出功率偏小，达不到理想的输出功率。影响光伏系统输出功率的因素很多，包括太阳辐射量、太阳电池组件的倾斜角度、灰尘和阴影阻挡、组件的温度特性。因系统配置安装不当造成系统功率偏小。

解决办法：

1）在安装前，检测每一块组件的功率是否足够。

2）调整组件的安装角度和朝向。

3）检查组件是否有阴影和灰尘。

4）检测组件串联后电压是否在电压范围内，电压过低，系统效率会降低。

5）多路组串安装前，先检查各路组串的开路电压，相差不超过 5V，如果发现电压不对，要检查线路和接头。

6）安装时，可以分批接入，每一组接入时，记录每一组的功率，组串之间功率相差不超过 2%。

7）安装地方通风不畅通，逆变器热量没有及时散播出去，或者直接在阳光下曝露，造成逆变器温度过高。

8）逆变器有双路 MPPT 接入，每一路输入功率只有总功率的 50%。原则上每一路设计安装功率应该相等，如果只接在一路 MPPT 端子上，输出功率会减半。

9）电缆接头接触不良、电缆过长、线径过细，电压损耗造成功率损耗。

10）并网交流开关容量过小，达不到逆变器输出要求。

（9）交流侧过压。

电网阻抗过大，光伏发电用户侧消化不了，输送出去时又因阻抗过大，造成逆变器输出侧电压过高，引起逆变器保护关机或者降额运行。

解决办法：

1）加大输出电缆，因为电缆越粗，阻抗越低。

2）逆变器靠近并网点，电缆越短，阻抗越低。

（三）汇流箱

汇流箱内的部件和功能包括接线端子、防过电流器件、断路器、防雷器、接地端子、智能数据采集（可选）等。

汇流箱的常见故障主要包括：通信模块故障，端子、封堵泥没有或脱落，电气短路引起的设备损坏或燃烧，直流断路器触点烧毁，汇流箱发热甚至起火等，如图 4-35～图 4-40 所示。

图 4-35　通信模块故障

图 4-36　进线孔无防火堵泥

图 4-37　电气短路造成燃烧

图 4-38　电气短路引起设备损坏

图 4-39　直流断路器触点烧毁

图 4-40　汇流箱着火

【案例 1】　2017 年 9 月，浙江海宁某屋顶光伏电站发生着火，彩钢瓦屋顶被烧穿了几个大洞，厂房内设备烧毁若干，损失惨重。其原因为：由于施工或其他原因导致某汇流箱线缆对地绝缘降低，在环流、漏电流的影响下进一步加剧，最终引起绝缘失效，线槽中的正负极电缆出现短路、拉弧，导致了着火事故的发生。

主要解决办法：

（1）查看汇流箱通信线路是否短路或接触不良。

（2）检查汇流箱通信控制系统是否正常（需要专业人员操作）。

（3）检测组串中每个组件的开路电压，查出开路电压异常的组件（查看组件品质异常）。

（4）检测旁路二极管，如果二极管有问题就更换二极管，如果二极管没问题就更换组件（针对组件）。

（四）光伏背板

光伏背板位于光伏电池背面的最外层，是光伏电池的重要组成部分，不仅起到封装的作用，同时还起到保证光伏电池不受到环境影响的作用，确保光伏电池的使用寿命。光伏背板的常见故障主要包括以下几个方面。

1. 黄变

在光伏组件层压过程中，使用两层胶膜对太阳电池进行粘接，使太阳电池与玻璃和背板合为一体。两层胶膜一般会有一层需要将短波紫外线进行截止。而背板本身对紫外光 $300\sim380nm$ 的耐紫外强度有一定抵抗能力，但是部分背板在紫外光的照射下还是会发生黄变，导致背板层的分子组成部分被破坏，背板的整体性能下降，同时背板的反射率降低，影响组件的整体输出。

2. 背板鼓包

电池片存在热斑的位置及隐形胶带位置都容易出现背板鼓包，尤其在两个位置出现重叠的情况下更加容易出现背板鼓包，主要是温度高导致材料气化所致。

3. 背板条下气泡

背板条造成汇流带之间存在较大梯度，敷设员工没有将 EVA 条放到位，造成 EVA 没有很好地进行填充。

4. 背板开裂

背板表面在使用后从开始出现大量微裂纹，到若干年后变成更长更深的宏观裂纹。很多裂纹沿焊带形成，有明显的漏电隐患，如图 4-41 所示。

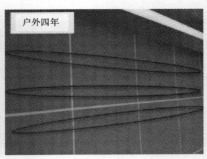

图 4-41　背板开裂

（五）光伏支架

光伏支架作为光伏电站重要的组成部分，它承载着光伏电站的发电主体。支架的选择直接影响着光伏组件的运行安全、破损率及建设投资，选择合适的光伏支架不但能降低工程造价，也会减少后期养护成本。

1. 抗风能力差

一般，整个光伏发电系统需要有很牢固的支架才行，要能抗击台风、暴雨等。理论上，太阳能支架的最大抗风能力为 216km/h，太阳能跟踪支架最大抗风能力为 150km/h（大于13 级台风）。

实际操作中，一些支架在选型或者安装中存在问题，如遇到强风支架易被吹散。

如图 4-42 所示，由于某安装公司为了节约型钢，在平屋顶安装了三排光伏组件，并且前排与后排没有做梁连，支架底部固定石墩质量太小，同时也没有做成长方形，加大石墩质量。台风来后，支架便被吹散。

图 4-42　光伏支架吹倒

2. 腐蚀

太阳能支架目前使用的材料种类有热浸镀锌钢架、不锈钢架与铝合金支架。通常太阳电池组件均安装于室外，因此支架会有日晒雨淋、腐蚀生锈及盐害等问题，如图 4-43 和图 4-44 所示。

光伏支架抗腐蚀性差容易造成组件坠落，即使组件没掉，腐蚀的支架也会造成组件倾角发生变化，减少发电量。当然，在防腐蚀方面不锈钢或铝合金远远优于钢材。

由于支架处于室外露天环境，干湿交替频繁，所选支架表面通常都要求进行防腐处理，如热浸锌处理。但当杆件在用焊机进行焊接时，就会破坏其表面的防腐层，节点连接处的锈蚀很多时候都是因为焊接完毕后未对焊缝处进行防腐修补造成的，所以应对钢构件焊接位置进行防腐油漆修补。

图 4-43　支架镀锌层脱落

图 4-44　支架镀锌层生绣

（六）交直流电缆

光伏直交流电缆作为光伏电站的重要组成部分，它承载着光伏电站交直流的正常传输的载体作用。其常见故障主要包括光伏电缆断裂、连接头断裂、破裂处与光伏支架接触造成漏电、接地等故障。

【案例2】　2018年2月，浙江海宁某配电变压器下的A路总保频繁跳闸，经检查发现许某某家220V并网的光伏电站漏电，由于发电表箱未安装漏电保护器，直接造成总保越级跳闸。

经进一步分析，该光伏电站的其中一光伏组串共有9块组件，组件标称的开路电压是40V，相关数据检测如图4-45～图4-47所示。

图 4-45　组串两端的电压正常

图 4-46　正极、负极对地的电压异常

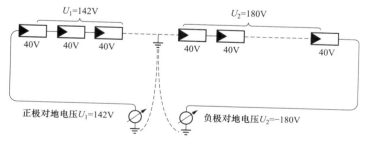

图 4-47　对地电压

正常情况下，正极对地电压一般为2V，负极对地电压一般为0V。

从检测的数据看，可能是第4块与第5块组件之间的电缆连接线与支架连接处存在接地故障。经故障查找，在光伏电站施工时将电缆压在了支架下，电缆的绝缘层被损坏并与光伏支架接触，造成漏电。在查明故障原因后，由厂家进行了电缆调换，并在发电表箱中补装了漏电保护器，以防止再次发生漏电故障时，因末级保护缺失而造成低压配电变压器总保的越级跳闸，从而影响同一支线其余用户的正常用电。

三、光伏发电系统故障处理方法及要求

（一）故障处理方法

查看分布式光伏电站监控系统在线监测数据，当发现在相同时间段系统的发电量有所降低或与邻近安装相同的发电系统相比有所降低时，则光伏系统的发电效率可能存在降低，需进行原因判断、光伏组串故障排查及现场检查处理。

（1）通过汇流箱中监测数据的异常波动及时发现光伏阵列中某一组件是否出现故障，然后联系专业人员用钳形电流表、热像仪等专业化设备对系统进行诊断。

（2）对光伏组串各支路电流相差大或无输出的支路，应进行排查处理。

（3）对于支路电流为零的支路应先排除支路保险是否熔断，再检查组串 MC4 插头或接线盒及旁路二极管是否烧损。

（4）对于支路保险及 MC4 插头完好但输出仍然偏低的支路，应检查光伏组件是否损坏，必要时更换光伏组件。

（5）对判断出来有故障的光伏组件，及时进行调换。

（二）故障处理要求

光伏发电系统发生故障时，运维服务人员按照相关规定及时发现并针对现场故障进行处理。所有光伏发电系统发生的故障需要有明确的记录，故障记录以书面或电子文档等形式妥善保存。故障记录应包括但不限于以下几点：

（1）故障发生的设备、故障发生时间与故障记录时间。

（2）故障现象表征、故障发生的范围、发生故障的设备本身的现象和外延设备的现象。

（3）故障产生原因的判断与依据、短期与系统性的解决方案。

（4）故障排除方法与过程描述。

（5）故障排除后的设备运行参数与状态量。

（6）故障解决人员。

第五节　光伏电站运维检修人员培训

随着分布式光伏电站的快速发展与普及，日常运维与检修人员紧缺的现象已普遍存在，国网浙江省电力培训中心根据光伏电站运检技能培训需求，研制了一种仿真培训装置，为供电企业基层员工专项培训提供了强有力的技术支撑。

一、仿真培训装置说明

（一）概述

KMDQ-02 分布式光伏电站接入技术培训装置是根据国家相关部门颁布的分布式光伏电站接网技术标准和要求，应用当前先进的电子网络技术，采用全新的设计理念而开发的

集培训学习、理论验证、实操能力、考核鉴定于一体的低压分布式光伏接入技术实训装置。

该培训装置具有模拟现场功能强、故障设置方便快捷、柜体结构简洁美观、运行可靠性高等特点，既能满足电工考核鉴定中的分布式光伏实训项目需要，也可应用于基层供电所（光伏用户）对光伏系统安装、调试、运维等技术的训练与考核。

（二）主要功能

该培训装置设置了供电及负荷系统、光伏发电系统、并网系统等模拟装置，可以让学员了解掌握光伏发电的系统原理，让学员对新能源有初步的了解与认识。设置了光伏并网发电三种消纳方式（全额上网、自发自用余电上网、全部自用）的接线安装和实施操作模拟装置，让学员能正确了解三种消纳方式的基本原理和正确接线方式。

该培训装置设置了光伏并网发电测试、调试及运维等功能模块，可以让学员了解分布式光伏项目调试、验收及运行维护等工作，包括供电端、负荷端、发电端电能质量测试，其内容包括电流、电压、频率、谐波等测试，发电端直流电压、光照度等测试。

该培训装置可实现光伏并网发电现场运维工作模拟，主要包括光伏设备的运行巡视、供电量（发电量）抄录、电气指标参数的监视、设备状态运行监视。

该培训装置可实现光伏并网发电系统异常及故障处理实训；模拟 400V 光伏并网发电系统设备故障、异常或正常状态功能；可以根据提供的电路图纸，分析存在的问题和发生故障的元件或线路，对故障进行处理。

该培训装置可以通过计算机智能控制光伏实训装置，可以任意设置、查询、取消故障。

（三）培训装置主要操作说明

1. 培训装置主要设备

（1）供电及负荷系统。

设置的元件：公共电网及用电计量、用电负荷部分主要包含变压器及低压侧总隔离开关、低压主干线、公共连接点、光伏用户进户线（前面四项用示意图或声光显示）、全额上网接入点接线端子、用户表前隔离开关、双向电能表、防逆流装置、余电上网接入点接线端子、家用漏电保护器、断路器、用电负荷。其中：

1）全额上网接入点接线端子：消纳方式为"全额上网"模式时，接公共电网侧的连接装置。

2）自发自用余电上网接入点接线端子：消纳方式为"自发自用余电上网"模式时，接用户表后侧的连接装置。

3）防逆流装置：消纳方式为"全部自用"模式时，限制发电电流向电网侧到送的装置。

4）双向电能表：用于消纳方式为"余电上网"模式时的下网电量（用电电量）和上网电量的计量。

（2）光伏发电系统。

设置的元件：太阳能电池板、并网逆变器、消纳方式转换模块、光伏发电侧测量点元件。

（3）并网系统。

1）全额上网。

设置的元件：双向电能表、表前隔离开关、表后隔离开关、光伏漏电保护器、并网专用开关、浪涌保护器、断路器、接地端子。

2）自发自用余电上网/全部自用。

设置的元件：双向电能表、单向电能表、表前隔离开关、表后隔离开关、光伏漏电保护器、并网专用开关、浪涌保护器、空气开关、接地端子。

2. 光伏发电系统设备安装

设置了太阳能电池板、并网逆变器、消纳方式转换模块、光伏发电侧测量点元件安装及连接。

3. 三种消纳方式的并网接线安装

（1）"全额上网"方式下的供电、发电并网接线安装，要求接线正确，设备使用正确，计量正确，运行状态正常。

（2）"自发自用余电上网"方式下的供电、发电并网接线安装，要求接线正确，设备使用正确，计量正确，运行状态正常。

（3）"全部自用"方式下的供电、发电并网接线安装，要求接线正确，设备使用正确，计量正确，运行状态正常。

4. 光伏并网发电测试、调试及运维

（1）电能质量测试。

1）供电及负荷系统：利用测量点或设备元件，对供电端电压、电流、频率、谐波等进行测试。

2）发电系统：利用测量点及光照变换器，对逆变器供电端、发电端的交、直流电压、电流、谐波进行测量。

（2）防孤岛功能测试。

1）防孤岛安全测试模拟。当电网侧断电后，测试系统防孤岛安全措施是否启动，主要测试逆变器是否停止工作、并网专用开关是否断开、发电回路是否有电等。

2）防孤岛功能失效测试。当电网侧断电后，系统防孤岛安全措施失效测试，可以让学员通过观察现象真正了解防孤岛功能的重要性，以及工作当中应该注意的安全注意事项，保证操作的规范性和安全性。

（3）光伏组件运维调试。

1）并网系统安装完成后，应对组件接线、逆变器接线、并网开关、防逆装置、计量电能表（单向、双向）接线、防雷接地等进行验收及调试。

2）电网参数变化对光伏发电设备的调试。利用电网侧交流模拟电源设备模拟电压偏差、频率变化、功率因数超出范围、三相不平衡、电压波动和闪变等问题，调试光伏并网逆变器的运行状态，检查电参数超出规定值时，逆变器是否停止工作。

3）组件阵列局部遮挡或模拟光伏电源引起的电压、电流变化及逆变器直流侧输入电压过低无法启动问题检测与故障排除。

4）模拟不同光照情况下，监视逆变器的工作状况。

5）可以通过软件选择用户负载的大小，让学员清楚地看到当用户负载增大时，光伏并网对电网及其计量的影响，达到让学员真正掌握光伏并网的计量实训目的。

6）现场运维工作模拟，主要包括光伏设备的运行巡视、供电量（发电量）抄录、电气指标参数的监视、设备状态运行监视、光伏组件接地电阻测量。

5. 光伏并网异常及故障处理

培训装置能实现的光伏并网异常及故障如表 4-5 所示。

表 4-5　　　　　　　　　　　　　光伏并网异常及故障表

序号	故障类型	故障点	故障现象	故障原因
1	防孤岛	并网专用开关 并网逆变器	当公共电网停电时,光伏发电系统仍向公共电网送电,光伏系统防孤岛失效	并网专用开关或并网逆变器防孤岛失效
2	自发自用余电上网	单向电能表	发电量为零	并网逆变器未投运
				并网开关或空气开关未合上
				单向电能表接线错误或故障
		单向电能表	发电量小于上网电量	单向电能表发电进线反接
				单向电能表计量故障
		用电双向电能表		用电双向电能表进出线接反,造成用电量记录在反向电量中
		并网逆变器	上网电量为零	未发电
		并网开关或空气开关		并网开关未合闸
		自发自用余电上网接线端子		自发自用余电上网接线端子松动或虚接
		用电双向电能表		用电双向电能表接线错误或故障
3	全额上网	全额上网双向电能表	上网电量小于下网电量	未发电
				并网开关未合闸
				双向电能表双向接线接反错误
4	全部自用	单向电能表	发电量为零	并网逆变器未投运
				并网开关或断路器未合上
				单向电能表接线错误或故障
		防逆流装置	用电双向电能表有反向计量或有向电网倒送电的声光报警	防逆流装置失效
5	漏电保护	并网箱中漏电保护器	并网箱中漏电保护器无法合闸	漏电保护器故障
				光伏组件漏电接地
				浪涌保护器击穿并接地
				逆变器质量问题造成谐波超大

（四）培训装置结构布局

培训装置分为 A、B 两面,A 面为光伏并网运维调试实训面,B 面为光伏并网安装接线实训面,装置 A 面布局如图 4-48 所示、装置 B 面如图 4-49 所示。

1. 培训装置电气主接线图

培训装置电气主接线图如图 4-48 所示。

2. 光伏并网运维调试实训面

光伏并网运维调试实训面（A 面）布局如图 4-49 所示。

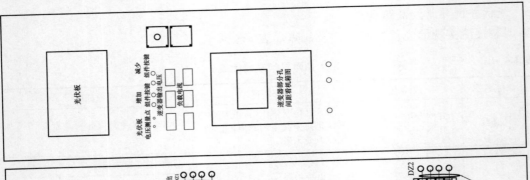

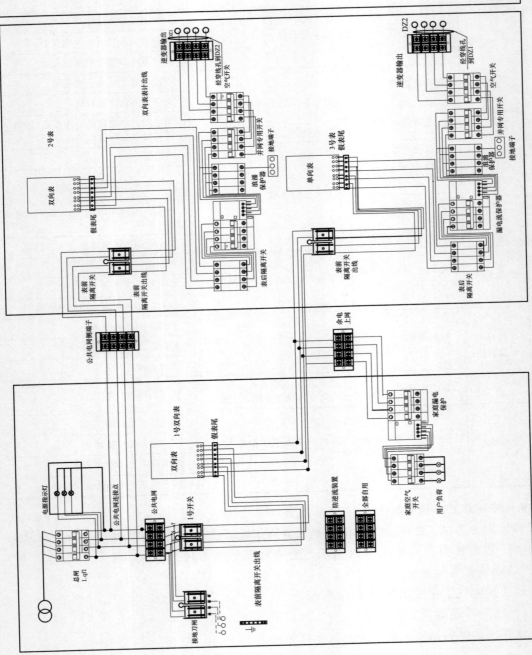

图 4-48 光伏并网运维调试实训面（A 面）原理图

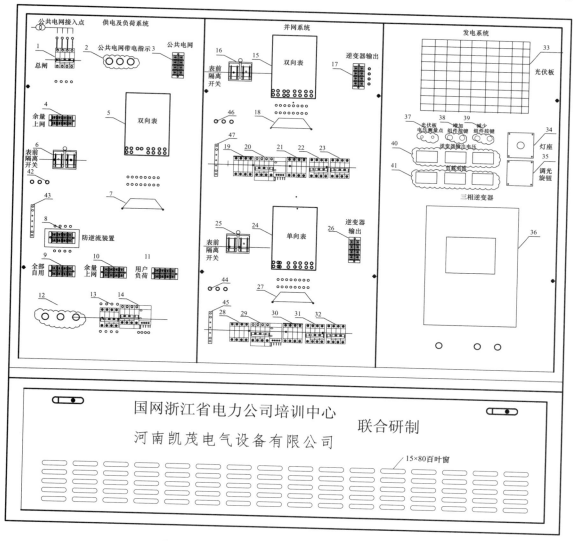

图 4-49　光伏并网运维调试实训面（A 面）

1—公共电网的进线总闸；2—公共电网带电指示灯；3—全额上网接入公共电网接入端子排；4—余量网上接入公共电网接入端子排；5—供电及负荷侧的双向计量表计；6—供电及负荷侧双向计量表计的表前隔离开关；7—模拟假表尾；8—防逆流装置接入端子排；9—全部自用并网接线选择端子排；10—余量并网接线选择端子排；11—用户负荷接线端子排；12—用户负荷指示灯；13—用户负荷侧三相空气开关；14—用户负荷侧三相漏电空气开关；15—全额上网使用的双向计量表计；16—全额上网表计表前隔离开关；17—三相逆变器输出端子；18—模拟假表尾，用于实现双向计量表计的进出线接反故障；19—全额上网回路表后隔离熔断器；20—全额上网回路三相带电保护器；21—全额上网回路并网专用开关；22—全额上网回路浪涌保护器；23—全额上网回路三相空气开关；24—余量上网使用的单向计量表计；25—余量上网回路使用的表前隔离开关；26—三相逆变器输出端子；27—模拟假表尾，用于实现双向计量表计的进出线接反故障；28—余量上网回路表后隔离熔断器；29—余量上网回路三相漏电保护器；30—余量上网回路并网专用开关；31—余量上网回路浪涌保护器；32—余量上网回路三相空气开关；33—太阳能光伏板；34—日光灯插座，用于模拟太阳光；35—调光旋钮，用于模拟太阳光的照射强度；36—三相仿真逆变器；37—光伏电压测量点；38—增加组建按键；39—减少组建按键；40—逆变器输出电压指示；41—逆变器输出电流指示；42—表前隔离开关出线接地点；43—接地端子；44—表前隔离开关出线接地点；45—接地端子；46—表前隔离开关出线接地点；47—接地端子

3. 光伏并网安装接线实训面

光伏并网安装接线实训面（B 面）布局如图 4-50 所示。

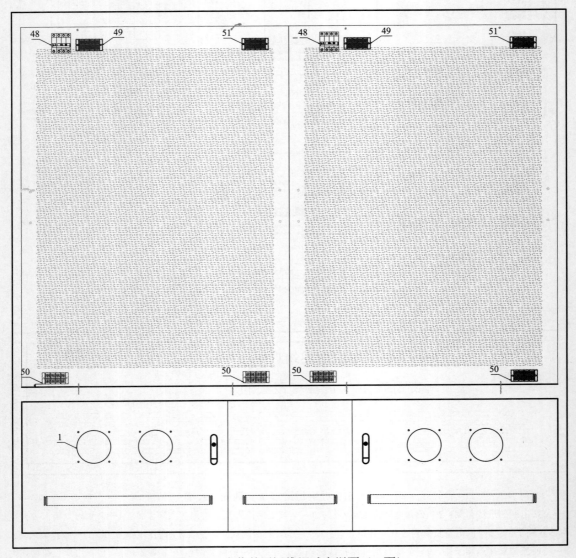

图 4-50　光伏并网运维调试实训面（B 面）

48—总刀闸；49—公共电网接线端子；50—用户负载接线端子；51—逆变器输出接线端子

（五）软件使用说明

1. 软件主要功能

培训装置控制软件主要功能是对设备提供计算机控制，主要功能模块包括系统配置、故障设置、通信监视模块。

2. 系统软件的使用

检查设备是否上电→运行本系统→检查设备连接状态，如果提示连接失败，应检查网络连接或者"系统设置"中网络地址是否正确→设置装置故障→培训人员在设备检查故障、排除故障→培训结束，系统取消故障，关闭。

（1）系统的启动与退出。

单击计算机桌面的软件快捷方式，进入软件主界面，如图 4-51 所示。根据各个模块分为不同的操作按钮，根据需要单击按钮即可进入相应模块，单击退出系统按钮即可退出系统。

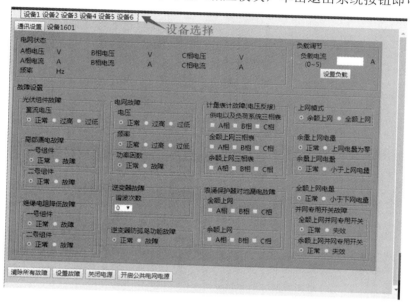

图 4-51　软件主界面

（2）故障设置界面。

单击"故障设置"菜单进入故障设置界面，在此界面可以设置逆变器故障、直流电源故障、电网电源故障、光伏组件故障等常见故障，如图 4-52 所示。

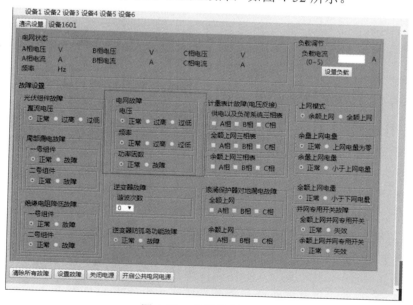

图 4-52　故障设置界面

1）进入故障设置界面后，此界面默认的是无故障，单击设置故障，即可启动虚负荷电源，让所有的表计、断路器进入正常运转状态。

2）如果要设置故障，选择界面左边的故障原因后，单击设置故障即可设置完毕；当需要表计计量时，可以在负载电流处输入所需要的负载大小，负载电流为 0~3A，输出电流值后，单击设置负载即可输出负载电流。

3）故障恢复方法如表 4-6 所示。

表 4-6   故 障 恢 复 方 法

序号	故障原因	故 障 现 象	恢 复 方 法
1	直流电压过低	逆变器液晶屏上显示直流电压过低的报警信息	单击任意一组件增加按钮，即可恢复故障
2	直流电压过高	逆变器液晶屏上显示直流电压过高的报警信息	单击任意一组件减按钮，即可恢复故障
3	一号组件局部漏电故障	逆变器液晶屏上显示组件漏电的报警信息	单击第一个组件减按钮，即可恢复
4	二号组件局部漏电故障	逆变器液晶屏上显示组件漏电的报警信息	单击第二个组件减按钮，即可恢复
5	一号组件绝缘电阻下降故障	逆变器液晶屏上显示组件绝缘电阻下降的报警信息	单击第一个组件减按钮，即可恢复
6	二号组件绝缘电阻下降故障	逆变器液晶屏上显示组件绝缘电阻下降的报警信息	单击第二个组件减按钮，即可恢复
7	电网电压过高	逆变器液晶屏上显示电网电压过高的报警信息	通过计算机软件恢复正常
8	电网电压过低	逆变器液晶屏上显示电网电压过低的报警信息	通过计算机软件恢复正常
9	电网频率过低	逆变器液晶屏上显示电网频率过低的报警信息	通过计算机软件恢复正常
10	电网频率过高	逆变器液晶屏上显示电网频率过高的报警信息	通过计算机软件恢复正常
11	防孤岛功能	逆变器液晶屏上显示防孤岛功能失效的报警信息，测量电网电压为 0，单逆变器监视电压为 220V 左右	—

二、光伏并网电源接线安装实训项目及工艺标准检查

（一）实训项目

光伏并网电源接线安装实训项目。

（二）实训要求

光伏并网电源接线安装实训要求达到如下目标：掌握双向计量表计的接线方法及工作原理、并网专用开关的工作原理及使用方法、浪涌开关的工作原理及使用方法、余电上网的接线方法、全额上网的接线方法、全部自用的接线方法。

（三）实训步骤

（1）根据培训师要求的并网方式选择所需部件。

（2）根据走线工艺，合理将部件安装在光伏实训装置 B 面的网孔板上。

（3）根据培训师要求的并网方式进行接线操作。

（四）工艺标准及要求

（1）根据培训师要求的接线方式，部件选取合理恰当，不能出现多选或者漏选。

（2）所选部件应安装牢靠，不能出现安装不牢靠、部件掉落的现象。

（3）导线布线工艺要求。

1）所选部件在网孔板上应根据走线方向，布局合理，不能出现随意摆放，导致走线东拉西扯现象。

2）线束要用塑料线夹或塑料捆扎带固定，如图4-53所示。

3）固定点之间的距离横向不超过 300mm，纵向不超过 400mm。

4）线束不允许有晃动现象。

5）线束的敷设应做到横平竖直、均匀、整齐、牢固、美观。

（4）线束的走向原则上按横向对称敷设，当受位置限制时，允许竖向对称走向。

（5）电压、电流回路导线排列顺序应正相序，黄（A）、绿（B）、红（C）色导线按自左向右或自上向下顺序排列。

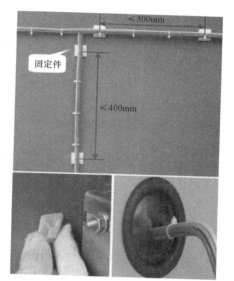

图 4-53　导线布线工艺

（6）线束在穿越金属板孔时，应在金属板孔上套置与孔径一致的橡胶保护圈。

（7）导线扎束要求如图4-54所示。

1）导线应采用塑料捆扎带扎成线束，扎带尾线应修剪平整。

2）导线在扎束时必须把每根导线拉直，直线放外档，转弯处的导线放里档。

3）导线转弯应均匀，转弯弧度不得小于线径的2倍，禁止导线绝缘层出现破损现象。

4）捆扎带之间的距离：直线为100mm，转弯处为50mm。

5）导线的扎束必须做到垂直、均匀、整齐、牢固、美观。

（五）导线布局要求

接线排列应横平竖直、整齐美观，导线应有良好绝缘，中间不允许有接头，导线两端应有接线标号。

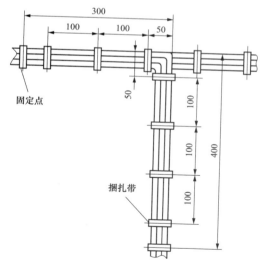

图 4-54　导线扎束要求

（六）电能表、采集设备安装工艺要求

电能表、采集设备安装工艺要求如图4-55所示。

（1）电能表及各部件的连接导线要根据并网要求接线正确，尤其要注意双向计量表计的进出线，不能出现接错或者漏接的现象。

（2）电能表、采集终端安装应垂直牢固，电压回路为正相序，电流回路相位正确。

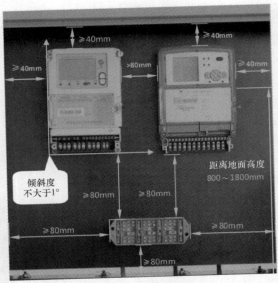

图 4-55 电能表、采集设备安装工艺要求

（3）每一回路的电能表、采集终端应垂直或水平排列，端子标志清晰正确。

（4）三相电能表间的最小距离应大于 80mm，单相电能表间的最小距离应大于 30mm。

（5）电能表、采集终端与周围壳体结构件之间的距离不应小于 40mm。

（6）电能表、采集终端室内安装高度 800～1800mm（电能表水平中心线距地面距离）。

（7）电能表、采集终端中心线向各方向的倾斜不大于 1°。

（8）金属外壳的电能表、采集终端装在非金属板上，外壳必须接地。

（9）采集终端安装应按图施工，采集终端与电能表间的 485 接口的连接必须一一对应，外接天线应固定在信号灵敏的位置。

（七）接线要求

供电侧电源、逆变器电源、负载三个接线端子接线正确，不能出现接错或者漏接现象。

三、光伏并网发电调试及运维实训项目

（一）实训项目

光伏并网发电调试及运维实训项目。

（二）实训要求

掌握双向计量表计在全额并网发电情况下的正常运行状态；掌握光伏并网发电所需的必备条件；掌握常用测量仪器的正确使用方法。

通过模拟逆变器的失效，熟练掌握在现场使用中的安全注意事项；通过模拟光伏组件的串并接，熟练掌握光伏组件的使用方法；通过模拟太阳光，熟练掌握不同的照射角度、光照强度对光伏板的影响。

（三）实训步骤

1. 设置全额上网

打开控制软件，首先在上网模式中选择全额上网。全额上网选择界面如图 4-56 所示。

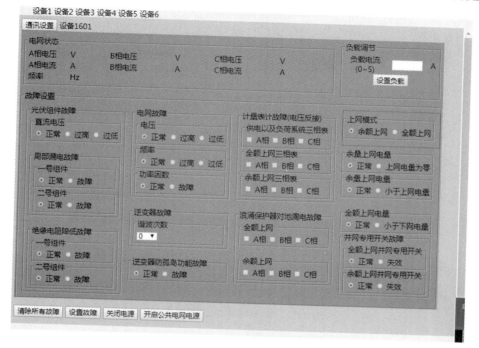

图 4-56　并网方式选择界面

2. 设置故障

（1）光伏组件故障设置。

1）选择直流电压过高故障。直流电压过高故障是指外部太阳能光伏板串接出来的直流电压超过了逆变器的 MPPT 工作电压范围预算。

2）观察逆变器液晶显示。仔细观察逆变器液晶显示应该提示直流电压过高的字样。

3）通过万用表测量单块光伏板产生的直流电压，通过调光开关，调整日光灯的光照强度，测量直流电压，观察直流电压的大小。直流电压的大小应随着日光灯的强度实时变化，日光灯的强度越高，直流电压越大，但直流电压最高为 18V。

4）恢复故障。通过装置的光伏组件减少来恢复故障。

5）总结。逆变器所需的直流电压只由两个因素决定，一是光伏板的数量，二是太阳能光伏板接收太阳光的强度和照射角度。强度越高，光伏板产生的直流电压越高；强度越弱，光伏板产生的直流电压越低。照射角度如果在光伏板正中心，光伏板产生的直流电压越高；如果偏离中心，在光伏板周边，则光伏板产生的直流电压则越低。

直流电压过高或者过低时，可以通过切除或者投入光伏组件来排除故障。

（2）局部漏电故障设置。

局部漏电故障设置界面如图 4-57 所示。

1）选择要设置的局部漏电的组件号。

2）选择组件号对应的故障。

3）单击软件右边的设置故障。

4）观察逆变器液晶显示，逆变器液晶上应能显示光伏组件漏电字样。

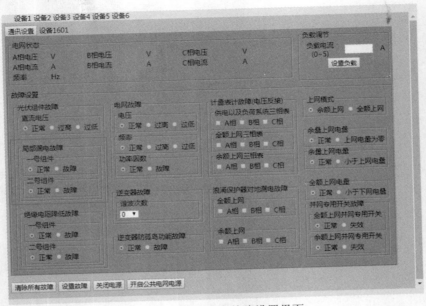

图 4-57 局部漏电故障设置界面

5）故障排查。分段切除光伏组件，观察液晶显示，如果液晶显示界面退出事件记录，则说明刚刚去除的光伏组件有漏电现象；分别按下装置上的去除光伏组件按键，直到逆变器液晶退出事件记录界面。

6）总结。由于现场的光伏组件是由很多块光伏板串联在一起的，如果逆变器检测到了光伏组件有漏电现象，则排查故障时要一组一组地切除光伏组件，直到故障排除。

（3）绝缘电阻故障设置。

绝缘电阻故障设置界面如图 4-58 所示。

图 4-58 绝缘电阻故障设置界面

1）选择要设置的绝缘电阻故障的组件号。

2）选择组件号对应的故障。

3）单击软件右边的设置故障。

4）观察逆变器液晶显示，逆变器液晶上应能显示光伏组件绝缘电阻下降字样。

5）故障排查。分段切除光伏组件，观察液晶显示，如果液晶显示界面退出事件记录，则说明刚刚去除的光伏组件有绝缘电阻下降的现象；分别按下装置上的去除光伏组件按键，直到逆变器液晶退出事件记录界面。

6）总结。因为现场的光伏组件是由很多块光伏板串联在一起的，如果逆变器检测到了光伏组件有绝缘电阻下降的现象，则排查故障时要一组一组地切除光伏组件，直到故障排除。

（4）电网故障设置。

电网故障设置界面如图 4-59 所示。

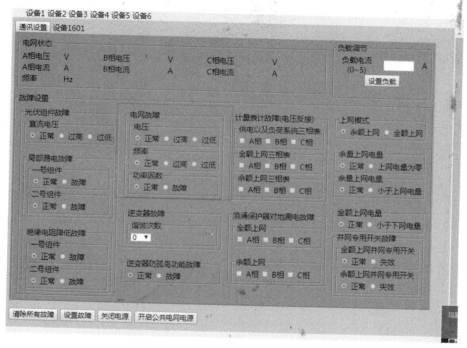

图 4-59　电网故障设置界面

1）选择要设置的故障类型。

2）单击软件右边的设置故障。

3）观察逆变器液晶，液晶上应能显示对应的故障信息。

4）利用现场校验仪对电网侧进行测量，记录电网电压、电网频率、电网功率因数等电网信息。

5）记录故障原因，填写总结报告。

（5）逆变器故障设置。

1）从下拉框里选择要设置的谐波次数，最高可以设置 12 次谐波。需要注意的是，当设置谐波次数为 5 时，只是在第 5 次上面显示有谐波含量，第 2～4 次电压谐波为 0。

2）观察逆变器应无输出，漏电空气开关跳闸。

3）分析逆变器无输出，漏电空气开关跳闸原因。

4）利用谐波测试仪，对逆变器的输出进行谐波含量测试，并记录谐波数据。

（6）防孤岛功能故障设置。

防孤岛功能故障设置界面如图 4-60 所示。

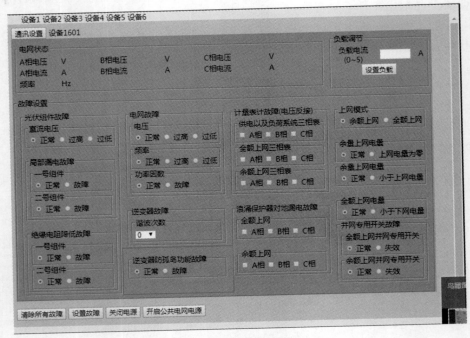

图 4-60　防孤岛功能故障设置界面

1）将并网专用开关设置为正常状态。

2）单击软件界面右边的设置故障按钮，即可设置故障。

3）合上总闸（QF1）。

4）合上表前隔离开关，合上表后隔离开关，合上漏电断路器，自动重合闸开关应自动合闸。自动合闸后，逆变器输出电压显示为 220（1±10%）V。

5）设置逆变器防孤岛功能失效。

6）单击软件界面右边的设置故障按钮，即可设置故障。

7）断开总闸，观察装置逆变器电压指示仪表，仪表上显示 220（1±10%）V。

8）设置并网开关失效故障。

9）在电网总闸断开的情况下，观察并网专用空气开关，并网专用空气开关应能自动合闸。

10）总结。

①在逆变器及并网专用空气开关正常的情况下，断开电网总闸，并网专用空气开关处于自动跳闸状态，逆变器处于不工作状态。

②当逆变器防孤岛功能失效时，断开电网总闸，逆变器依然能够逆变电压。如果不安装并网专用开关，逆变器输出的电压就会反馈到电网当中，给电网带来不安全因素。

（7）计量表计故障。

1）余电上网表计反接故障。选择余电上网时，可以设置余电上网表计反接故障：

①设置表计外部接线无故障，默认状态下为无故障状态。

②设置并网模式为余量并网。

③合上各个表计隔离开关及空气开关，观察供电及负荷系统供电表计，正常情况下，供电及负荷侧计量表计正向计量。

④选择需要设置的相别反接的相别。

⑤单击软件界面右边的设置故障按钮，即可设置故障。

⑥观察供电及负荷侧表计，反向指示灯应该点亮，此时计量反向电量。

2）余量并网单向计量表计反接故障。

①设置表计外部接线无故障，默认状态下为无故障状态。

②设置并网模式为余量余额并网。

③合上各个表计隔离开关及空气开关，观察余额并网计量双向表计，以及单相计量表计正常情况下，余额并网计量双向表计，反向指示灯应该点亮，此时计量反向电量，单相计量表计应该计量正向电量。

④选择需要设置单相计量表计反接的相别。

⑤单击软件界面的设置故障按钮，即可设置故障。

⑥观察余额并网单向计量表计，此时单相计量表计所设置的相别反向指示灯应该点亮，此时单向计量表计计量的是反向电量。

3）全额上网表计反接故障。

选择全额上网时，可以设置全额上网表计反接故障：

①设置表计外部接线无故障，默认状态下为无故障状态。

②设置并网模式为余量全额并网。

③合上各个表计隔离开关及空气开关，观察全额并网计量双向表计，正常情况下，全额并网计量双向表计，反向指示灯应该点亮，此时计量反向电量。

④选择需要设置的相别反接的相别。

⑤单击软件界面的设置故障按钮，即可设置故障。

⑥观察全额并网双向计量表计，此时应该计量正向电量。

（8）浪涌保护器对地故障。

1）在默认状态下，合上总闸开关，各个表计表前、表后、空气开关、逆变器能够正常输出电压。

2）设置需要设置的浪涌保护器的对地相别。

3）单击软件界面的设置故障按钮，即可设置故障。

4）此时逆变器电压显示为 0，漏电空气开关跳闸。

5）利用万用表测量浪涌保护器的端子对地有 $2k\Omega$ 左右的电阻，说明浪涌保护器接地造成漏电，导致漏电空气开关跳闸。

（9）余电上网电量故障。

1）在默认状态下，合上总闸开关，各个表计表前、表后、空气开关、逆变器能够正常输出电压，双向计量表计与单相计量表计计量正常。

2）选择余电上网的上网电量为 0 故障。

3）单击软件界面的设置故障按钮，即可设置故障。

4）观察余电上网的双向计量表计，表计电量在不断累加，但单向计量表计电量一直为 0。

5）余电上网电量小于下网电量。

①在默认状态下，合上总闸开关，各个表计表前、表后、空气开关、逆变器能够正常输出电压，双向计量表计与单相计量表计计量正常，计量数据相差不大。

②选择余电上网电量小于下网电量。

③单击软件界面的设置故障按钮，即可设置故障。

④观察余电上网的双向计量表计及单相计量表计，单相计量表计的计量电量小于双向计量表计的计量电量。

（10）全额上网电量小于下网计量电量。

1）在默认状态下，合上总闸开关，各个表计表前、表后、空气开关、逆变器能够正常输出电压，双向计量表计计量的电量与逆变器的发电量应该保持一致。

2）选择全额上网电量小于下网电量。

3）单击软件界面的设置故障按钮，即可设置故障。

4）观察全额上网的双向计量表计及逆变器的发电量，逆变器的发电量小于双向计量表计的发电量。

第五章　分布式光伏并网接入工程实例

本章主要对分布式光伏发电接入的工程实例进行分析，针对并网运行中的问题，介绍运行控制、检修方案及并网接口装置在实际项目中的应用情况。

第一节　分布式光伏 10kV 并网接入工程实例

一、工程典型案例

（一）工程项目

海宁某微电网技术有限公司新建"浙江港龙新材料股份有限公司分布式光伏 10kV 并网接入"项目，港龙公司占地面积 26000m²，建筑面积 16000m²，装机容量 2MW。

（二）电网情况

该区块现有 220kV 变电站 1 座（容量 2×180MVA）、110kV 变电站 1 座（容量 2×50MVA）。110kV 变电站现有 10kV 间隔 20 回，已出 15 回，尚余 5 回。

（三）接入方案

港龙公司分布式光伏发电设计装机容量 2103.75kW$_p$，终期装机容量 2003.75kW$_p$，分布于公司的 2 个车间屋顶。计划开工时间 2016 年 7 月 12 日，计划投产时间 2016 年 10 月 20 日。

项目初步接入方案为太阳电池组件，每 22 块组件串联成一串，经 4 台 500kW 逆变器输出，4 路 315V 交流电通过 2 台双分裂升压变压器（干式变压器）型号为 SCB10-1000kVA（10.5kV/315V/315V）升压至 10kV，再以 2 回 10kV 线路分别接至 AH2-AH3 高压柜内汇流，最终以 1 回与用户原有 10kV 母排 T 接，实现单点接入并网供电。

发电性质：电量消纳的方式为自发自用余电上网，电能计量采用双向计量方式。

该方案的接入方式如图 5-1 所示。

二、用户负荷情况

港龙公司现状负荷情况：1 台 2000kVA 和 1 台 800kVA 变压器，总受电容量 2800kVA。目前由一路 10kV 北陈 5212 线供电，导线规格为 YJLV22-8.7/15-3×500 和 JKLYJ-10-240，线路长度为 1.75km 和 0.8km。

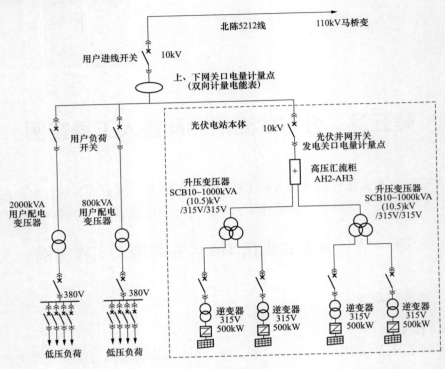

图 5-1   分布式光伏并网 10kV 接入工程示意图

三、并网后的运维管理

（一）并网后的运行管理

对于以上场景，如果不采用并网接口装置，分布式光伏接入 10kV 电网的工作方式及运转过程如下。

1. 正常运行时

（1）运行调度。

该公司分布式光伏按自然条件依最大功率运行，不考虑由电网企业市公司调控中心进行的功率控制及下达的发电计划指令，对于盈余电量可进行上网售电，不足时从电网购电。通过光伏逆变器采集电网侧电压、频率及功率因数等参数，调整各个无功补偿设备或光伏发电逆变器的无功出力，使公共连接点处的功率因数和电压满足电网调度要求。

（2）计量计费。

明确上网关口电量和发电关口电量计量点：该用户现有关口电量计量点设在公司厂区供电配电变压器高压侧，同时为上网关口电量计量点；在分布式光伏升压后汇流开关处设置发电关口电量计量点，同时将采集到的分布式光伏电量信息传送到该市电网调度机构。

（3）分布式光伏电能质量。

在分布式光伏并网点装设 A 类电能质量在线监测装置，其中对于用户内部电网的电能质量监测点放置在关口计量点。

监测装置需存储一年及以上的电能质量数据，以备必要时由电网企业调用，由于分布式光伏谐波电流产生与工况相关，出力变化时所产生的谐波电流大小也有所不同，因此应在投运后进行实测，以确定谐波治理装置的配置。

2. 停电故障时

（1）光伏发电系统并网与解列。

该公司分布式光伏并网点选在两台升压变压器高压侧汇流后并网开关出口处，因北陈5212线不是专用线路，公共连接点选在用户进线开关系统侧。当分布式光伏本体内部故障解列时，不会对北陈5212线其他用户造成停电。

（2）继电保护配置及动作。

由于北陈5212线不是专用线路，线路上其他用户没有分支开关，线路发生故障时，可能造成北陈5212线停电。

分布式光伏本体应当在北陈5212线发生故障停电时自动切除，当线路恢复供电后，分布式光伏可恢复运行；分布式光伏315V侧的保护主要依靠逆变器本体的防孤岛保护、过流保护及电压、频率异常保护动作。

T接线路发生故障时，北陈5212线所带用户供电将受到停电影响，分布式光伏也将自动停机，故障排除后可对北陈5212线恢复供电，无需考虑分布式光伏，分布式光伏将在供电恢复正常后延时启机。

3. 故障检修时

故障抢修工作应符合《国家电网公司电力安全工作规程（配电部分）（试行）》和各省电力公司《电力系统调度规程》规定，避免发生违章指挥、违章操作等行为。

（1）线路发生故障时，分布式光伏侧电流保护动作，逆变器检测电网信息，自动将电站切除，随后线路故障处保护断开，通过检修人员确认分布式光伏已经切除，便可进行故障检修的相应操作，排查线路故障，进行故障定位及维修。

（2）故障排除后可进行合闸操作，此时先不考虑光伏情况，从线路部分开始进行合闸操作。对于分布式光伏，将在供电恢复正常后进行延时启机。

（3）若分布式光伏故障造成线路保护动作，对线路其他地区用户产生影响时，分布式光伏自动停机，检修人员在确认光伏离网后可进行试合闸操作，保证线路所带用户正常用电。分布式光伏故障排除后可再进行并网操作，通过光伏逆变器保证输出电能质量符合标准要求。

（二）并网后的运行方式

对于以上场景，在分布式光伏T接接入10kV配电网的同时，采用并网接口装置进行接入后的运行控制，其工作方式及运转过程如下。

1. 正常运行时

（1）发电功率预测。系统正常运行时，通过并网接口装置的分布式光伏发电预测功能，可预测整个光伏发电系统超短期、短期、中长期发电情况。

通过电力调度数据网或光伏局域网络与安装在光伏当地的综合通信管理终端通信，采集光伏实时和历史信息，并实现文件信息（数值天气预报、发电功率预测结果）的上传下达。

光伏侧发电功率预测系统向上级调度发电功率预测系统上报次日 96 点单个光伏和区域发电功率预测数据，每 15min 提供一次未来 4h 单个光伏和区域发电功率预测数据，时间分辨率不小于 15min，同时上报光伏系统预计开机容量。

调控中心根据相应的预测结果，制订发电计划，并通过超短时预测对计划进行修正。光伏运行与管理系统接收调度的发电计划指令，并调整各个光伏发电逆变器的有功出力情况，使公共连接点处的功率满足调度计划，同时接收调控中心下达的功率因数和电压指令，调整各个无功补偿设备或光伏发电逆变器的无功出力，使公共连接点处的功率因数和电压满足调度要求。

（2）计量计费。并网接口装置安装在分布式光伏升压后汇流开关处，计量光伏发电电量，仅需进行单向计量即可。

（3）分布式光伏电能质量。由于光伏出力变化时所产生的谐波电流有所不同，并网接口装置具有谐波检测功能，可通过实测确定谐波治理装置的配置。

2. 停电故障时

（1）光伏发电系统并网与解列。因北陈 5212 线不是专用线路，并网接口装置设置在用户进线开关系统侧公共连接点。当分布式光伏本体内部故障解列时，不会对北陈 5212 线其他用户造成影响。

（2）继电保护配置及动作。由于北陈 5212 线不是专用线路，线路上其他用户没有分支开关，线路发生故障时，可能造成北陈 5212 线停电。并网接口装置需配置三段式电流保护、过/欠压、过/欠频保护等，对于线路重合闸功能应投检无压重合。

当 T 接线路发生故障时，将造成北陈 5212 线停电，北陈 5212 线所带用户供电将受到影响。并网接口装置通过其失压跳闸及低压闭锁合闸功能，按 U_N 实现分布式光伏解列，同时并网接口装置控制分布式光伏侧三段式电流保护先于北陈 5212 线出线保护动作，避免部分故障可能造成的北陈 5212 线停电。

若是分布式光伏故障，则分布式光伏自动解列，315V 侧的保护主要依靠逆变器本体的防孤岛保护、过流保护及电压、频率异常保护动作。

（3）防孤岛保护。当 T 接线路发生故障时，并网接口装置将快速、准确地检测出孤岛现象。孤岛效应发生时，若功率不匹配，那么并网点电压、频率及电压相位差等参数都会发生变化，从而直接触发过/欠压、过/欠频保护；若功率匹配，则通过主动增加扰动、将电压-电流相位差或并网端电压频率和电网频率的误差正反馈至系统的方式来使这些参数发生变化，进而触发过/欠压或过/欠频保护。

3. 故障检修时

故障抢修工作应符合《国家电网公司电力安全工作规程（配电部分）》和各省电力公司《电力系统调度规程》规定，避免发生违章指挥、违章操作等行为。

（1）线路发生故障时，并网接口装置检测电网电压、电流等信息，自动将电站切除，随后线路故障处保护动作，通过并网接口装置远动功能，保证分布式光伏已经切除，此时便可进行故障检修的相应操作，排查线路故障，进行故障定位及维修。

（2）故障排除后可进行合闸操作，此时从线路部分开始进行合闸操作，分布式光伏将在供电恢复正常后通过并网接口装置对电网侧信息进行检测，从而进行延时启机操作。

（3）分布式光伏故障造成线路保护动作对线路其他地区用户产生影响时，并网接口装置将自动切除分布式光伏，保证分布式光伏切除后，可进行试合闸操作，以确保线路所带用户正常用电。分布式光伏故障排除后，可再进行并网操作，通过装置保证输出电能质量符合标准要求。

第二节　分布式光伏 380V 并网接入工程实例

一、典型接入方案

对于分布式光伏发电系统接入 380V 线路后的运行管理典型方式，主要考虑专线接入与 T 接接入两种类型，接入系统中主要功能包括计量、测量、通信及保护。该方案的接入方式如图 5-2 所示。

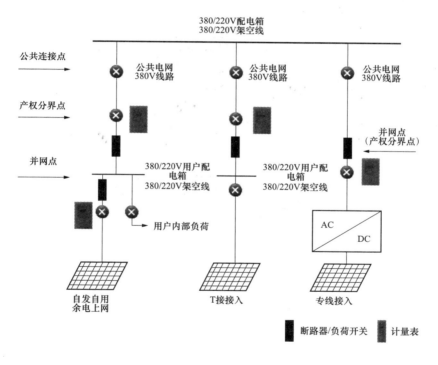

图 5-2　分布式光伏接入 380V 配电网计量管理图

分布式光伏接入采用并网接口装置，其功能除计量、保护测控检测、通信及分布式发电功率预测等功能外，还包含配电网调度及系统通信等功能。含分布式光伏发电的各装置具体配置及原则如下：

（1）对于 1MW 及以下分布式光伏通过 380V 接入大电网情况，其对大电网系统的运维影响非常小，因此该方式下在分布式光伏发电系统的公共连接点处安装计量、保护及自动化装置可满足配电网相应要求。

（2）对于 6MW 以下 1MW 以上的分布式光伏接入情况，其输出功率对配电网潮流具有一定的影响，因此配电网不仅需要监视分布式光伏系统公共连接点（用户分界点）处的运行信息，更需要能对分布式光伏系统整体出力进行控制，以实现分布式光伏发电系统的计划发电控制。同时，配电网需要分布式光伏系统具有发电预测功能，以提前安排其他发电设备的发电计划。因此，对容量较大的分布式光伏系统，在公共连接点处安装并网接口装置，装置需要包含光伏运行与管理系统、光伏预测系统的功能。

二、接入工程实例

本节通过一个典型分布式光伏并网案例，针对分布式光伏并网对于运行管理及安全检修的影响，并结合并网接口装置，提出关于分布式光伏 380V 并网运行管理的典型方案。

（一）工程项目简介

平湖某玻璃有限公司分布式光伏发电项目。项目建设总容量为 6MW。公司东区厂房有两台配电变压器：1 台 1200kVA，1 台 500kVA；西区厂房有 4 台 1800kVA 变压器。

企业为三班倒连续生产，负荷相对稳定，总负荷 6500kW。

（二）电网情况

该企业由 110kV 梧桐变电站及 110kV 金桥变电站各出一回 10kV 线路供电，正常运行时由梧桐变电站主供。

梧桐变电站现有 2 台主变压器，容量 2×40MVA，电压等级为 110/10.5kV；金桥变电站现有 2 台主变压器，容量 2×31.5MVA，电压等级为 110/10.5kV。

（三）接入方案

该企业金太阳示范工程分布式光伏总装机容量 6MW$_p$，采用分散发电、就地逆变方式，以 380V 电压等级分散并网于该企业 12 栋厂房配电区低压侧。其具体接入方案如图 5-3 所示。

光伏电池组件分散安装在 12 个厂房楼顶，分布式光伏分 12 个 500kW 逆变单元，1～10 号逆变单元接入西侧新建厂区总配电室低压侧；11～12 号逆变单元接入东侧厂区配电室低压侧。

三、并网后的运维管理

（一）并网后的运行管理

对于以上场景，分析分布式光伏接入 380V 配电网的工作方式及运转过程如下。

1. 正常运行时

（1）运行调度。分布式光伏运行时，其接收调控中心下达的功率因数和电压指令，调整各个无功补偿设备或光伏发电逆变器的无功出力，使公共连接点处的功率因数和电压满足调度要求。

（2）计量计费。公司厂区现有计量点设在梧桐变电站及金桥变电站出线开关处，考虑到分布式光伏电量可能倒送至 10kV 电网的情况，现有计量装置采用的是双向计量表计。

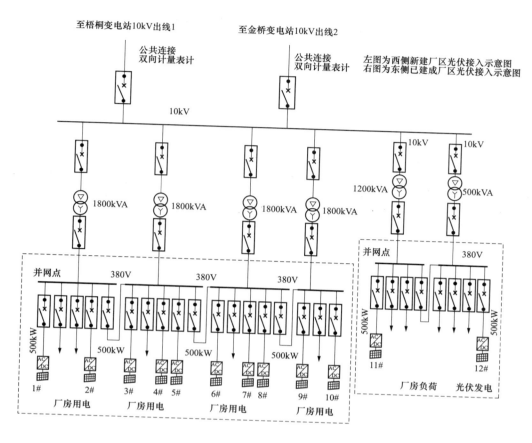

图 5-3　光伏发电 380V 接入方案

　　在分布式光伏主控站将光伏电量信息传送到该公司所在城市的电网调度机构，便于其掌握分布式光伏所发电量信息及分布式光伏发电系统维护情况。

　　（3）电能质量。在关口计量点设置电能质量监测点，监测谐波、电压偏差等信息，考虑使用的电能计量表具备电能质量在线监测功能，可监测三相不平衡电流。

　　2．停电故障时

　　（1）分布式光伏发电系统并网、解列。分布式光伏分别接入厂区配电室 380V 母线并网发电。当分布式光伏本体内部故障解列时，不会对该线其他用户造成停电。

　　（2）继电保护配置及动作。因分布式光伏经升压后接入 10kV 线路，而 10kV 线路上其他用户没有分支开关，线路发生故障时，可能造成该线路停电。

　　分布式光伏本体应当在梧桐变电站 10kV 出线 1（简称出线 1）发生故障停电时，自动切除，当线路恢复供电后，分布式光伏可恢复运行；分布式光伏出口侧的保护主要依靠逆变器本体的防孤岛保护、过流保护及电压、频率异常保护动作。

　　当出线 1 发生故障时，其所带用户供电将受到停电影响，分布式光伏也将自动停机，同时故障排除后可对相应线路恢复供电，分布式光伏将在供电恢复正常后延时启机。

分布式光伏三段式电流保护需先于出线 1 保护动作，避免部分故障可能造成的线路停电，同时对于线路重合闸功能应投检无压重合，以满足保护需要。

若分布式光伏故障时，则其自动解列，其低压侧的保护主要依靠逆变器本体的防孤岛保护、过流保护及电压、频率异常保护动作。

3. 故障检修时

故障抢修工作应符合《国家电网公司电力安全工作规程（配电部优）（试行）》和各省电力公司《电力力系统调度规程》规定，避免发生违章指挥、违章操作等行为。

（1）线路发生故障时，分布式光伏侧电流保护动作，逆变器检测到电网状态，自动将分布式光伏切除，随后线路故障处保护断开，通过检修人员确认分布式光伏已经切除，方可进行故障检修的相应操作，通过试合闸等操作排查线路故障，进行故障定位及故障维修。

（2）故障排除后可进行合闸操作，先对线路部分进行合闸操作，分布式光伏将在供电恢复正常后延时启机。

（3）若分布式光伏故障造成线路保护动作，对线路其他地区用户产生影响，此时分布式光伏自动停机，检修人员在确认分布式光伏离网后方可进行试合闸操作，恢复线路所带用户正常用电。分布式光伏故障排除后可再进行并网操作，通过光伏逆变器保证输出电能质量符合标准要求。

（二）使用并网接口装置后的运行方式

对于以上场景，在分布式光伏接入 380V 配电网的同时，采用并网接口装置进行接入后的运行控制，其工作方式及运转过程可分为以下几部分。

1. 正常运行时

（1）运行调度。分布式光伏运行时，接收调控中心下达的功率因数和电压指令，调整各个无功补偿设备或光伏发电逆变器的无功出力，使公共连接点处的功率因数和电压满足调度要求。

（2）计量计费。对于通过 380V 接入系统的分布式光伏发电，由于发电容量小，其出力将被建设光伏发电设备的用户内部负荷或分布式光伏附近的负荷就近消纳，因此其对大电网的影响可以忽略不计。

并网接口装置安装在梧桐变电站及金桥变电站出线开关处，计量分布式光伏上网电量，考虑可能有电能余量上送的可能，因此需要采用电能双向计量方式，可计算上网电量并可通过不同电价标准进行计费。

2. 停电故障时

（1）光伏发电系统并网与解列。由于分布式光伏分别接入厂区配电室 380V 母线并网发电，当分布式光伏因本体内部故障解列时，不会对该线路其他用户造成停电。

（2）继电保护配置及动作。分布式光伏发电并网接口装置需配置三段式电流保护、过/欠压、过/欠频保护等，对于线路重合闸功能应投检无压重合，以满足保护需要。

当出线 1 发生故障时，将造成该线路上所带负荷停电，并网接口装置通过其失压跳闸及低压闭锁合闸功能，按 U_N 实现分布式光伏解列。

若分布式光伏故障，则其自动解列，其低压侧的保护主要依靠逆变器本体的防孤岛保护、过电流保护及电压、频率异常保护动作。

（3）防孤岛保护。由于 380V 电压等级不配置防孤岛保护及安全自动装置，因此仅采用具备防孤岛能力的逆变器。当线路发生故障时，并网接口装置将快速、准确地检测出孤岛现象。孤岛效应发生时，若功率不匹配，那么并网点电压、频率及电压相位差等参数都会发生变化，从而直接发生过/欠电压、过/欠频保护；若功率匹配，则通过主动增加扰动、将电压电流相位差或并网端电压频率和电网频率的误差正反馈至系统等方式来使这些参数发生变化，进而触发过/欠电压、过/欠频保护。

3. 故障检修时

故障抢修工作应符合《国家电网公司电力安全工作规程（配电部分）（试行）》和各省电力公司《电力系统调度规程》规定，避免发生违章指挥、违章操作等行为。

（1）线路发生故障时，并网接口装置检测电网电压、电流等信息，自动将分布式光伏切除，随后线路故障处保护动作，通过并网接口装置远动功能，保证分布式光伏已经切除，此时便可进行故障检修的相应操作，排查线路故障，进行故障定位及维修。

（2）故障排除后可进行合闸操作，先从线路部分开始进行合闸操作，分布式光伏将在供电恢复正常后通过并网接口装置对电网信息进行检测，并进行延时启机操作。

（3）若分布式光伏故障造成线路保护动作，对线路其他地区用户产生影响，此时并网接口装置将自动切除分布式光伏，保证分布式光伏已经切除，然后可进行试合操作，保证线路所带用户正常用电，分布式光伏故障排除后可再进行并网操作。

第三节　分布式光伏 220V 并网接入系统工程实例

本节根据浙江嘉兴秀洲区沙家浜农村户用光伏系统工程实例，从光伏组件、逆变器、线缆、配电柜的选型到整体设计方案和详细清单及电站收益预测，全方面介绍 8kW$_p$ 光伏电站设计过程。

一、项目地勘察

浙江嘉兴秀洲区沙家浜农村某农户自建住宅，南北朝向，在闲置的楼顶装上光伏电站，选用的是 300W$_p$ 的组件，经过测算，楼顶面积可以安装 30 块组件。

二、系统设计

组件的朝向、倾角完全一致，分为 3 个相同的组串，每串 10 块组件，接到逆变器的直流侧。

（一）设计方案

户用光伏系统设计方案如图 5-4 所示。

（二）消纳方式

此项目为"自发自用余电上网"，并网点就近 220V 接入电网，如图 5-5 所示。

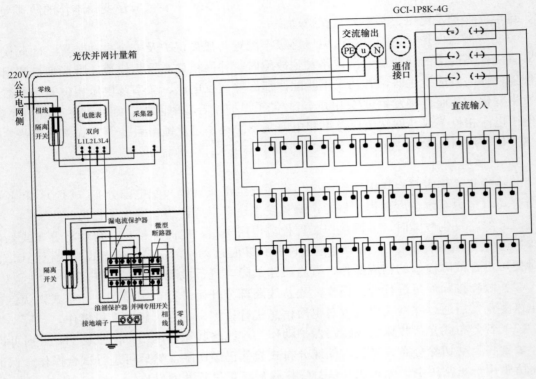

图 5-4　户用光伏系统设计方案

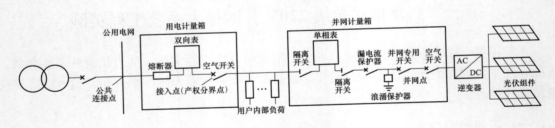

图 5-5　余电上网接线示意图

（三）材料清单

根据现场勘察结果和系统设计方案，选择系统安装需要的材料设备。表 5-1 所示为该光伏系统所需材料清单。

表 5-1　材料清单

序号	设 备 名 称	规　格	单位	数量
1	支架	3m 导轨 24 根，中压	线	与组件匹配
2	光伏线件	峰值功率 300W，开路	块	30
3	直流线缆	PV1-F-4mm²	m	200
4	逆变器	GCI-1P8K，最大输入功率	台	1

续表

序号	设 备 名 称		规 格	单位	数量
5		电能表	220V、5（20）A、双向计量	只	1
6		电能表	220V、5（20）A、单向计量	只	1
7		隔离开关	200V 63A 2P	个	2
8		空气开关	63A 2P	个	2
9	配电箱	并网专用开关	220V 50A 2P	个	1
10		浪涌保护器	2P 20kA	个	1
11		漏电保护器	220V 50A 2P	个	1
12		熔断器	63A2P	个	1
13		并网计量箱	单相	只	1
14		用电计量箱	单相	只	1
15	交流线缆		ZR-YJVR-3×10mm²	m	50
16	接地线缆		BVR-10mm²	m	50
17	接地装置		10m×5mm 接地扁钢	根	1
18	监控设备		GPRS/WiFi	个	1

三、材料设备的选择

（一）光伏组件的选择

该用户希望装机容量尽量大，故在设计时考虑选择了 $300W_p$ 的高效组件。该组件有着优异的低辐照性能，其技术参数如图 5-6 所示。

最大功率 P_{max}（Wp）	280	285	290	295	300	305	310
功率公差 P_{max}（W）				0～+5			
最大功率点的工作电压 U_{MPP}（V）	31.7	31.8	32.2	32.5	32.6	32.9	33.1
最大功率点的工作电源 I_{MPP}（A）	8.84	8.97	9.01	9.08	9.19	9.28	9.37
开路电压 U_{CC}（V）	38.4	38.5	38.9	39.6	39.8	40.0	40.2
短路电流 I_{SC}（A）	9.42	9.51	9.66	9.68	9.77	9.85	9.94
组件效率 η_m（%）	17.1	17.4	17.7	18.0	18.3	18.6	18.9

标准测试条件（大气质量 AM1.5，辐照度 1000W/m²，电池温度 25℃）下的测量值

图 5-6 300W 组件参数

组件的主要参数 $P_m=300W_p$；$U_{oc}=39.8V$，$U_{mpp}=32.6V$，$I_{mp}=9.19A$，$I_{sc}=9.77A$。

根据组件的型号和敷设的数量计算得到 9.0kWp（300Wp×30 块）的装机容量。

根据装机容量、组件实际排布情况来选择合适的逆变器。

（二）并网逆变器的选择

该项目容量为 9kWp 且并网电压为 220V，故选择单相三路 GCI-1P8K-4G 这款光伏逆变器，超配比为 1.125 倍，如表 5-2 所示。

表 5-2   **8kW 逆变器电气参数**

GCI-1P8K-4G			
直流输入参数		交流输出参数	
最大直流输入功率/kW	9.2	额定输出功率/kW	8
最大直流输入电压/V	600	最大输出功率/W	8.8
最大直流输入电流/A	11|11|11	额定输出电压/V	220
直流启动电压/V	120	最大输出电流/A	36.6
MPPT 电压范围/V	80～550	输出电压频率/Hz	50
MPPT 路数/每路 MPPT 输入路数	3月1日	电流总谐波	＜1.5%

（三）直流侧线缆选择

直流线缆多为户外铺设，需要具备防潮、防晒、防寒、防紫外线等性能，因此分布式光伏系统中的直流线缆一般选择光伏认证的专用线缆。考虑到直流插接件和光伏组件输出电流，目前常用的光伏直流电缆为 PV1-F1×4mm^2。

（四）交流侧线缆的选择

交流线缆主要用于逆变器交流侧至交流汇流箱或交流并网柜，可选用 YJV 型电缆。长距离铺设还要考虑到电压损失和载流量大小，8kW 单相交流线缆推荐使用 YJV-0.6/1kV 3×10mm^2，如表 5-3 所示。

表 5-3   **交 流 线 缆 选 型**

		规格：YJV-0.6/1kV 3×10mm^2
YJV 线缆（交联聚乙烯绝缘电力电缆）		优点：双重绝缘，机械强度高，工作温度高，寿命长，耐温，面压，耐腐蚀
BV 线缆（聚氯乙烯绝缘铜芯线-单芯单股硬线）		单层绝缘，相对于 YJV，耐温低，载流量低，机械强度和寿命低
BVR 线缆（聚氯乙烯绝缘铜芯线-单芯多股软线）		

（五）内部设备选型

1. 断路器

断路器的一端接逆变器，一端接电网侧。交流断路器一般选择逆变器最大交流输出电流的 1.25 倍以上，8kW 逆变器交流输出最大电流为 36.6A，即至少选择 50A 的断路器。

2. 熔断器

如浪涌保护器被雷电击穿失效，则造成回路短路故障，为切断短路电流，需要在浪涌保护器加一组熔断器或空气开关，熔断器的选择参照 8kW 户用光伏系统典型设计。

3. 浪涌保护器

本项目选用限压型 SPD、2P 的浪涌保护器，选择规格 U_c 385V，$I_{max} \geq 20kA$，$I_n \geq 10kA$，$U_p \leq 1.5kV$。

4. 并网专用开关（自复式过/欠电压开关）

过/欠电压保护器能够自动检测线路电压，当线路中过电压和欠电压超过规定值时能够自动断开。本项目使用的自复式过/欠电压保护器规格为工作电压 AC220V/50Hz，额定电流 50A，过电压值 AC（270±5）V，欠电压值 AC（170±5）V，保护动作时间 ≤1s，延时接通时间 ≤1min。

5. 隔离开关

采用隔离开关会有明显的断开点，可以保障后端检修和维护人员的安全。隔离开关选择额定电流为 63A。

6. 漏电保护器

为了保护设备及人身安全，可选择性地使用漏电保护器。漏电保护器的选择必须符合国家或行业标准。

四、收益计算

（一）发电量估算

装机容量 9kW，PR=80%，浙江地区的光照按照全年每天 3.6h 计算（参照全国各省峰值日照时数），如表 5-4 所示。全年发电估计时间为 1326h，预估该项目首年发电量 10512kWh。首年衰减为 2.5%，25 年末最低功率为 80%，如表 5-5 所示。

表 5-4　　　　　　　　　　　浙 江 地 区 日 照 时 数

城市名	1月	2月	3月	4月	5月	6月	7月	8月	9月	10月	11月	12月	平均日照（kWh/m²/天）
舟山市	2.47	3.00	3.51	4.34	4.82	4.70	5.79	5.40	4.30	3.48	2.79	2.46	3.92
杭州市	2.63	2.90	3.21	4.03	4.51	4.34	5.21	4.72	3.87	3.37	2.79	2.67	3.69
嘉兴市	2.63	2.90	3.21	4.03	4.51	4.34	5.21	4.72	3.87	3.37	2.79	2.67	3.69
湖州市	2.63	2.90	3.21	4.03	4.51	4.34	5.21	4.72	3.87	3.37	2.79	2.67	3.69
绍兴市	2.63	2.90	3.21	4.03	4.51	4.34	5.21	4.72	3.87	3.37	2.79	2.67	3.69
宁波市	2.48	2.70	3.12	3.87	4.44	4.20	5.45	4.66	3.65	3.27	2.74	2.49	3.59
台州市	2.46	2.59	2.98	3.83	4.20	4.16	5.41	4.75	3.84	3.40	2.82	2.58	3.59
温州市	2.42	2.58	2.87	3.75	4.15	4.19	5.51	4.76	3.78	3.40	2.83	2.70	3.58
金华市	2.49	2.59	2.91	3.73	4.24	4.07	5.15	4.63	3.84	3.40	2.90	2.76	3.56
丽水市	2.38	2.54	2.71	3.54	4.07	4.07	5.31	4.67	3.85	3.49	2.91	2.81	3.53
衢州市	2.25	2.43	2.52	3.38	4.13	4.09	5.25	4.72	4.05	3.57	2.99	2.80	3.52

（二）实际发电量

图 5-7～图 5-9 所示的监控数据为一台安装在浙江省嘉兴市秀洲区沙家浜的 8kW$_p$ 逆变

器在 2017 年 12 月、2018 年 1 月某时段的发电情况。从图 5-7 可看出，通过 GPRS 监控看到在中午 13:20 出现最高并网功率 7.087kW，累计日发电量 34.7kWh。当天天气非常好，发电量正常。

表 5-5　　　　　　　　　　　　系 统 发 电 评 估 表

组合	首年末最低功率	97.50%		25 年末最低功率	80.00%
		功率衰减以首年为参照			
年份	功率衰减	年末功率		年发电量/kWh	累计发电量/kWh
1	2.50%	97.50%		10512	10512
2	0.73%	96.77%		10249.2	20761.2
3	0.73%	96.04%		10172.5	30933.7
4	0.73%	95.31%		10095.7	41029.4
5	0.73%	94.58%		10018.9	51048.3
6	0.73%	93.85%		9942.2	60990.5
7	0.73%	93.13%		9865.5	70856
8	0.73%	92.40%		9789.8	80645.8
9	0.73%	91.67%		9713.1	90358.9
10	0.73%	90.94%		9636.4	99995.3
15	0.73%	87.29%		9559.6	147793.3
20	0.73%	83.65%		9175.9	193672.8
25	0.73%	80.00%		8793.3	237639.3

注　10 年累计发电量 9.9 万 kWh，25 年累计发电量超过 23 万 kWh。

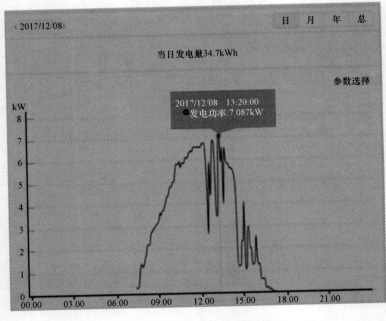

图 5-7　系统实时并网功率

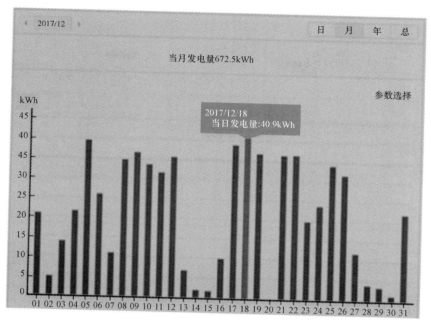

图 5-8 系统 2017 年 12 月发电概况

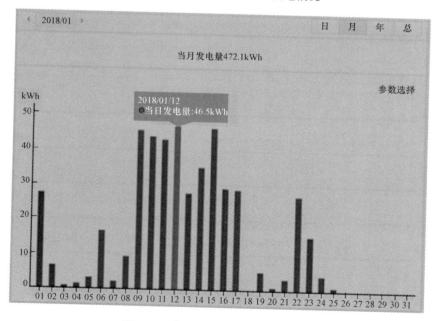

图 5-9 系统 2018 年 1 月发电概况

五、结论

以 8kW$_p$ 光伏系统设计为例，在装机容量尽可能大的前提下进行了光伏电站的各方面设计，包括相关设备的选型、整体设计方案、材料清单及发电量的收益计算，给后续光伏电站的施工做了正确的引导，避免了人力物力的浪费，保证了光伏电站的质量和收益。

附录 A 组件功率平均衰减率参考表

组件	1 年	2 年	3 年	4 年	5 年
单晶硅组件	2.00%	2.89%	3.78%	4.67%	5.56%
多晶硅组件	2.00%	2.89%	3.78%	4.67%	5.56%
组件	6 年	7 年	8 年	9 年	10 年
单晶硅组件	6.44%	7.33%	8.22%	9.11%	10.00%
多晶硅组件	6.44%	7.33%	8.22%	9.11%	10.00%
组件	11 年	12 年	13 年	14 年	15 年
单晶硅组件	10.67%	11.33%	12.00%	12.67%	13.33%
多晶硅组件	10.67%	11.33%	12.00%	12.67%	13.33%
组件	16 年	17 年	18 年	19 年	20 年
单晶硅组件	14.00%	14.67%	15.33%	16.00%	16.67%
多晶硅组件	14.00%	14.67%	15.33%	16.00%	16.67%
组件	21 年	22 年	23 年	24 年	25 年
单晶硅组件	17.33%	18.00%	18.67%	19.33%	20.00%
多晶硅组件	17.33%	18.00%	18.67%	19.33%	20.00%

注 组件功率平均衰减率参考表适用于常规组件，不适用于双玻组件。

附录B 常见EL检测缺陷分类

缺陷类型	缺 陷 描 述	图 示
隐裂	太阳电池体内的裂纹，在红外缺陷图中呈不规则曲线  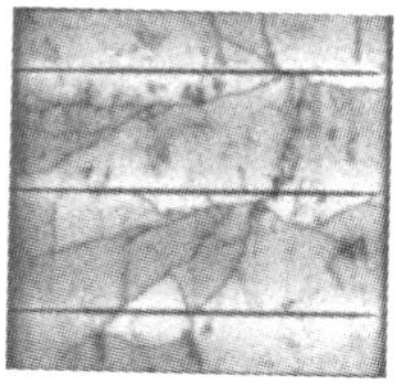	
破片	晶体硅光伏组件中，一部分电池与主栅无有效导通连接而导致的缺陷  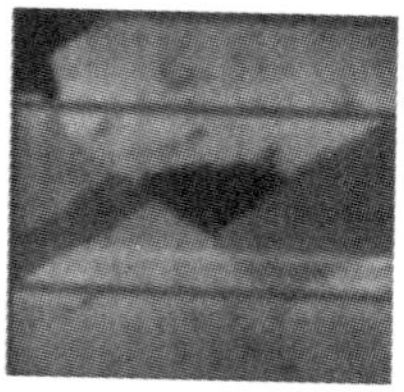	
断栅	太阳电池表面副栅线发生断裂而产生的缺陷，个别栅线断裂时，缺陷呈细条灰区；连续多根栅线断裂时，缺陷呈矩形黑区 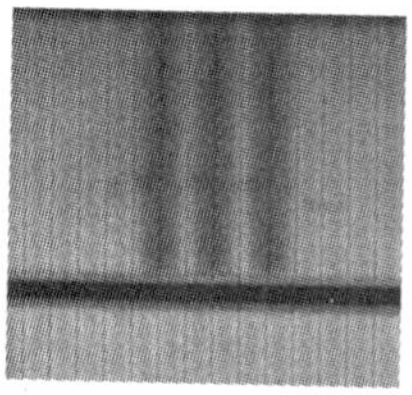 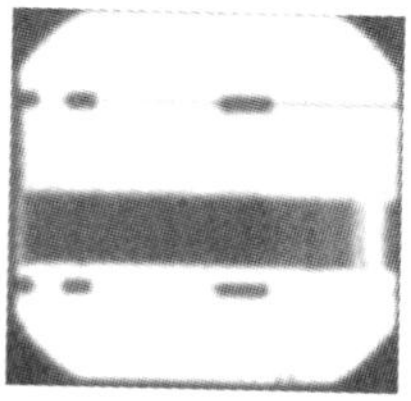	
黑片	太阳电池主栅部分或全部从电池表面脱落，导致大片黑区的出现	
明暗片	晶体硅太阳电池组件中电池电流挡不一致造成的个别电池在EL图中亮度与其他电池片不一致而造成的缺陷	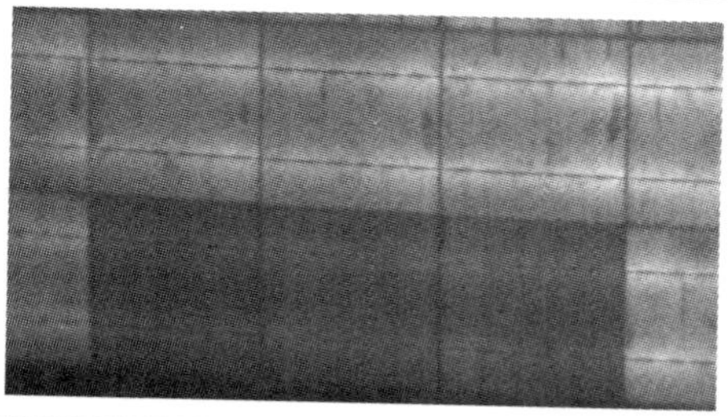
黑斑	因电池片材料、工艺等问题导致的电池片表面呈大片黑色区域而形成的缺陷 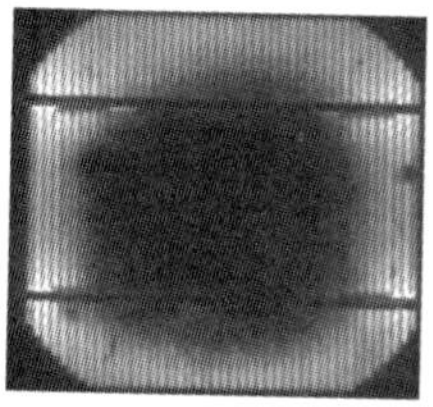 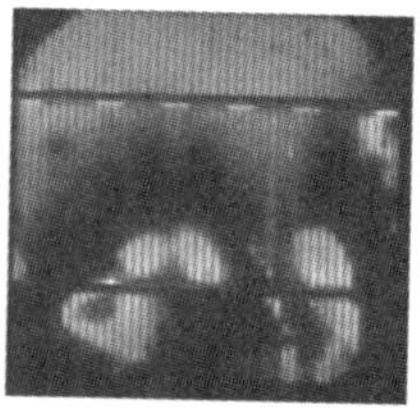	

缺陷类型	缺 陷 描 述	图 示
黑角	电池片边角可观察到不规则暗色区域，常见于单晶硅小角电池片中	
黑边	电池片边缘可观察到不规则暗色区域，通常由电池片一边向内侧延伸	
黑心	电池片中心可观察到规则圆形暗色区域，该缺陷常见于单晶硅太阳电池，常以多组同心圆的状态呈现	

附录 C　特殊气候条件的要求

气候环境	要　求	原材料要求
湿热环境	加严湿热试验（按照 IEC 6121510.13，湿热试验时间增加至 2000h），加严 UV 试验（按照 IEC 61215 10.10，紫外试验温度增加至 85℃/湿度增加至 85%），PID 测试（IEC 62804）温度 85℃、湿度 85%、反向电压 1000V、测试时间 96h	—
干热环境	加严热循环试验（按照 IEC 6121510.11，热循环次数增加至 400 次），加严 UV 试验（按照 IEC 61215 10.10，紫外试验温度增加至 100℃）	—
高海拔环境（海拔 2000-3000m 之间）	加严 UV 试验（波长在 280～385nm 范围的紫外辐射为 120kWh/m²，其中波长为 280～320nm 的紫外辐射累计量为 3%～10%）	使用于高海拔地区（海拔 2000m 以上）组件的背板氟膜厚度不低于 30μm
极高海拔环境（海拔 3000m 以上）	加严 UV 试验（波长在 280～385nm 范围的紫外辐射为 210kWh/m²，其中波长为 280～320nm 的紫外辐射累计量为 3%～10%）	—
沿海区域	盐雾测试（IEC 61701）	背板耐盐雾性要求
农场附近区域	氨气测试（IEC 62716）	—
沙漠区域	沙尘测试（IEC 60068-2-68）	使用在风沙较大地区的光伏组件，推荐使用厚度不低于 180μm 的电池片；不宜使用以 SiO₂ 为膜层主要成分的镀膜玻璃，玻璃厚度宜大于 3.2mm；背板耐磨性能要求
大风及强降雪区域	动态载荷测试（IEC 62782）	—
组件需长途运输或运输条件恶劣情况	运输震动模拟测试（IEC 62759）	—

附录 D　各种电力电缆的允许载流量

附表 D1　　1～3kV 油纸、聚氯乙烯绝缘电缆空气中敷设时允许载流量

项　目	电缆允许持续载流量/A					
绝缘类型	黏性浸渍纸、不滴流纸			聚氯乙烯		
护套	有钢铠护套			无钢铠护套		
缆芯最高工作温度/℃	80			70		
缆芯数	单芯	二芯	三芯或四芯	单芯	二芯	三芯或四芯
缆芯截面面积/mm² 　2.5					18	15
4		30	26		24	21
6		40	35		31	27
10		52	44		44	38
16		69	59		60	52
25	116	93	79	95	79	69
35	142	111	98	115	95	82
50	174	138	116	147	121	104
70	218	174	151	179	147	129
95	267	214	182	221	181	155
120	312	245	214	257	211	181
150	356	280	250	294	242	211
185	414		285	340		246
240	495		338	410		294
300	570		383	473		328
环境温度/℃	40					

注　1. 表中所列为铝芯电缆数值，铜芯电缆的允许持续载流量值可乘以 1.29。
　　2. 单芯只适用于直流。

附表 D2　　1～3kV 油纸、聚氯乙烯绝缘电缆直埋敷设时允许载流量

项　目	电缆允许持续载流量/A								
绝缘类型	黏性浸渍纸、不滴流纸			聚氯乙烯			聚氯乙烯		
护套	有钢铠护套			无钢铠护套			有钢铠护套		
缆芯最高工作温度/℃	80			70					
缆芯数	单芯	二芯	三芯或四芯	单芯	二芯	三芯或四芯	单芯	二芯	三芯或四芯
缆芯截面面积/mm² 　4		45	38	47	36	31		34	30
6		58	50	58	45	38		43	37
10		76	66	81	62	53	77	59	50

续表

项　目	电缆允许持续载流量/A								
绝缘类型	黏性浸渍纸、不滴流纸			聚氯乙烯			聚氯乙烯		
护套	有钢铠护套			无钢铠护套			有钢铠护套		
缆芯最高工作温度/℃	80			70					
缆芯数	单芯	二芯	三芯或四芯	单芯	二芯	三芯或四芯	单芯	二芯	三芯或四芯
16		105	88	110	83	70	105	79	68
25	143	126	105	138	105	90	134	100	87
35	172	146	126	172	136	110	162	131	105
50	198	182	154	203	157	134	194	152	129
70	247	219	186	244	184	157	235	180	152
95	300	251	211	295	226	189	281	217	180
120	344	284	240	332	254	212	319	249	207
150	389		275	374	287	242	365	273	237
185	441		320	424		273	410		264
240	512		356	502		319	483		310
300	584			561		347	543		347
400	676			639			625		
500	776			729			715		
630	904			846			819		
800	1032			981			963		
土壤热阻系数/（℃·m/W）	1.5			1.2					
环境温度/℃	25								

（缆芯截面面积/mm²为行标题）

注　1. 表中所列为铝芯电缆数值，铜芯电缆的允许持续载流量值可乘以 1.29。
　　2. 单芯只适用于直流。

附表 D3　　**1～3kV 交联聚氯乙烯绝缘电缆空气中敷设时允许载流量**

项　目	电缆允许持续载流量/A									
缆芯数	三芯		单芯							
单芯电缆排列方式			品字形				水平形			
金属屏蔽层接地点			单侧		两侧		单侧		两侧	
缆芯材质	铝	铜	铝	铜	铝	铜	铝	铜	铝	铜
25	91	118	100	132	100	132	114	150	114	150
35	114	150	127	164	127	164	146	182	141	178
50	146	182	155	196	155	196	173	228	168	209
70	178	228	196	255	196	251	228	292	214	264
95	214	273	241	310	241	305	278	356	260	310
120	246	314	283	360	278	351	319	410	292	351
150	278	360	328	419	319	401	365	479	337	392
185	319	410	372	479	365	461	424	546	369	438
240	378	483	442	565	424	546	502	643	424	502

（缆芯截面面积/mm²为行标题）

续表

项目	电缆允许持续载流量/A									
缆芯数	三芯		单芯							
单芯电缆排列方式			品字形				水平形			
金属屏蔽层接地点			单侧		两侧		单侧		两侧	
缆芯材质	铝	铜	铝	铜	铝	铜	铝	铜	铝	铜
缆芯截面面积/mm² 300	419	552	506	643	493	611	588	738	479	552
400			611	771	579	716	707	908	546	625
500			712	885	661	803	830	1026	611	693
630			826	1008	734	894	963	1177	680	757
环境温度/℃	40									
缆芯最高工作温度/℃	90									

注 1. 允许载流量的确定，还应遵循以下规定：①数量较多的该类电缆敷设于未装机械通风的隧道、竖井时，还计入环境温度升高的影响；②电缆直埋敷设在干燥或潮湿的土壤中，除实施换土处理等能避免水分迁移的情况外，土壤热阻系数宜选取不小于 2.0℃·m/W。
2. 水平排列电缆相互间中心距为电缆外径的 2 倍。

附表 D4　　1～3kV 交联聚氯乙烯绝缘电缆直埋敷设时允许载流量

项目	电缆允许持续载流量/A					
缆芯数	三芯		单芯			
单芯电缆排列方式			品字形		水平形	
金属屏蔽层接地点			单侧		两侧	
缆芯材质	铝	铜	铝	铜	铝	铜
缆芯截面面积/mm² 25	91	117	104	130	113	143
35	113	143	117	169	134	169
50	134	169	139	187	160	200
70	165	208	174	226	195	247
95	195	247	208	269	230	295
120	221	282	239	300	261	334
150	247	321	269	339	295	374
185	278	356	300	382	330	426
240	321	408	348	435	378	478
300	365	469	391	495	430	543
400			456	574	500	635
500			517	635	565	713
630			582	704	635	796
缆芯最高工作温度/℃	90					
土壤热阻系数/（℃·m/W）	2					
环境温度/℃	25					

注 水平形排列电缆相互间中心距为电缆外径的 2 倍。

附表 D5　　　　　**6kV 三芯电力电缆空气中敷设时允许载流量**

项　　目	电缆允许持续载流量/A				
绝缘类型	黏性油浸纸		不滴流纸	聚氯乙烯	交联聚乙烯	
钢铠护套	有		无	有	无	有
缆芯最高工作温度/℃	65		80	70	90	
缆芯截面面积/mm² 10			40			
16	46	58	54			
25	62	79	71			
35	76	92	85		114	
50	92	116	108		141	
70	118	147	129		173	
95	143	183	160		209	
120	169	213	185		246	
150	194	245	212		277	
185	223	280	246		323	
240	265	334	293		378	
300	295	374	323		432	
400					505	
500					584	
环境温度/℃	40					

注　1. 表中所列为铝芯电缆数值，铜芯电缆的允许持续载流量值可乘以 1.29。
　　2. 缆芯工作温度大于 70℃时，允许持续载流量的确定还应遵守以下规定：①数量较多的该类电缆敷设于未装机械通风的隧道、竖井时，还计入环境温度升高的影响；②电缆直埋敷设在干燥或潮湿的土壤中，除实施换土处理等能避免水分迁移的情况外，土壤热阻系数宜选取不小于 2.0℃·m/W。

附表 D6　　　　　**6kV 三芯电力电缆直埋敷设时允许载流量**

项　　目	电缆允许持续载流量/A					
绝缘类型	黏性油浸纸	不滴流纸	聚氯乙烯		交联聚乙烯	
钢铠护套	有	无	有		无	有
缆芯最高工作温度/℃	65	80	70		90	
缆芯截面面积/mm² 10		51	50			
16	58	63	67	65		
25	79	84	86	83	87	87
35	94	101	105	100	105	102
50	114	119	126	126	123	118
70	140	148	149	149	148	148
95	167	180	181	177	178	178
120	193	209	209	205	200	200
150	215	232	232	228	232	222

续表

项　目	电缆允许持续载流量/A					
绝缘类型	黏性油浸纸	不滴流纸	聚氯乙烯		交联聚乙烯	
钢铠护套	有		无	有	无	有
缆芯最高工作温度/℃	65	80	70		90	
缆芯截面面积/mm²　185	249	264	264	255	262	252
240	288	308	309	300	300	295
300	323	344	346	332	343	333
400					380	370
500					432	422
土壤热阻系数/（℃·m/W）	1.2	1.5	1.2		2	
环境温度/℃	25					

注　表中所列为铝芯电缆数值，铜芯电缆的允许持续载流量值可乘以 1.29。

附表 D7　10kV 三芯电力电缆允许载流量

项　目	电缆允许持续载流量/A							
绝缘类型	黏性油浸纸		不滴流纸		交联聚乙烯			
钢铠护套					无		有	
缆芯最高工作温度/℃	60		65		90			
敷设方式	空气中	直埋	空气中	直埋	空气中	直埋	空气中	直埋
16	42	55	47	59				
25	56	75	63	79	100	90	100	90
35	68	90	77	95	123	110	123	105
50	81	107	92	111	146	125	141	120
70	106	133	118	138	178	152	173	152
95	126	160	143	169	219	182	214	182
120	146	182	168	196	251	205	246	205
150	171	206	189	220	283	223	278	219
185	195	233	218	246	324	252	320	247
240	232	272	261	290	378	292	373	292
300	260	308	295	325	433	332	428	328
400					506	378	501	374
500					579	428	574	424
土壤热阻系数/（℃·m/W）	40	25	40	25	40	25	40	25
环境温度/℃	1.2		1.2		2.0		2.0	

注　1. 表中所列为铝芯电缆数值，铜芯电缆的允许持续载流量值可乘以 1.29。
　　2. 缆芯工作温度大于 70℃时，允许持续载流量的确定还应遵守以下规定：①数量较多的该类电缆敷设于未装机械通风的隧道、竖井时，还计入环境温度升高的影响；②电缆直埋敷设在干燥或潮湿的土壤中，除实施换土处理等能避免水分迁移的情况外，土壤热阻系数宜选取不小于 2.0℃·m/W。

附录E　并网光伏系统现场检测表

附表 E1　　　　　　　　　　**基　本　情　况**

系统名称					
系统位置	行政地址				
	经度		纬度		海拔
承建商			检测日期		
业主			检测人		

系统功率/kW				
系统输出电压		电网供电距离		
系统占地面积		安装类型		
机房建筑类型		机房面积		

系统描述

其他系统情况：

承建商代表：　　　　　　业主代表：　　　　　　检验人：

附表 E2

文 件 检 查

	序号	类别	提交审查资料名称	备注
资料审查				
	类别：1. 设计资料；2. 施工资料；3. 设备资料；4. 主材料资料；5. 培训资料；6. 运行管理资料；7. 其他			

附表 E3

系 统 符 合 性 验 收

	设备名称	数据/参数	与合同的符合性	备注
1	电池太阳能组件 1			
	生产厂家			
	型号			
	类型			
	峰值功率			
	数量			
	总功率			
2	电池太阳能组件 2			
	生产厂家			
	型号			
	类型			
	峰值功率			
	数量			
	总功率			

	设备名称	数据/参数	与合同的符合性	备注
3	电池太阳能组件 3			
	生产厂家			
	型号			
	类型			
	峰值功率			
	数量			
	总功率			
4	太阳电池合计功率			
5	太阳电池支架			
	生产厂家			
	型号			
	类型	固定/单轴跟踪/双轴跟踪		
	每个方阵组件串联数			
	每个方阵组件并联数			
	方阵数量			
6	方阵接线箱			
	生产厂家			
	型号			
	连接组串数			
	数量			
7	直流配电柜			
	生产厂家			
	型号			
	单台连接组串数			
	数量			
8	逆变器 1			
	生产厂家			
	型号			
	单相/三相			
	额定功率			
	数量			
9	逆变器 2			
	生产厂家			
	型号			
	单相/三相			

续表

	设备名称	数据/参数	与合同的符合性	备注
9	额定功率			
	数量			
10	逆变器总功率			
11	交流配电柜			
	生产厂家			
	型号			
	额定功率			
	数量			
12	升压变压器			
	生产厂家			
	型号			
	类型	干式/油式		
	额定功率			
	数量			
13	数据采集/电站监控			
	生产厂家			
	型号			
	现场显示	有/无		
	远程通信	有/无		
	通信方式			
	数量			
14	防雷接地系统			
	生产厂家			
	型号			
	是否安装接闪器			
	接闪器数量			
	是否安装地网	是/否		
	接地线数量			
	设计接地电阻			
	直流侧是否悬浮	是/否		

附表 E4   **并网点电能质量现场测试**

将光伏发电系统与电网断开，测试电网的电能质量	
A 相电压（或单相电压）	
B 相电压	
C 相电压	

续表

A 相频率（或单相频率）	
B 相频率	
C 相频率	
A 相电压谐波（或单相谐波）	
B 相电压谐波	
C 相电压谐波	
A 相功率因数（或单相功率因数）	
B 相功率因数	
C 相功率因数	
三相不平衡度	
电压波动及闪动	
将光伏发电系统并网，待稳定后测试电网的电能质量	
A 相电压（或单相电压）	
B 相电压	
C 相电压	
A 相频率（或单相频率）	
B 相频率	
C 相频率	
A 相电流谐波（或单相谐波）	
B 相电流谐波	
C 相电流谐波	
A 相功率因数（或单相功率因数）	
B 相功率因数	
C 相功率因数	
三相不平衡度	
电压波动及闪动	

附表 E5　　　　　　　　　　　**并网光伏供电系统测试报告**

	系 统 装 机 容 量	项 目 名 称
	检查项目	记录数据
光伏方阵侧	光伏方阵支架的防腐情况	
	光伏直流正极对地绝缘电阻值/Ω	
	光伏直流负极对地绝缘电阻值/Ω	
	光伏方阵极性连接是否正确	
	光伏方阵类型（地面型、建筑结合）	
	接线箱的防护等级/IP	

系 统 装 机 容 量		项 目 名 称
光伏方阵侧	直流柜的防护等级/IP	
	光伏方阵功率/kW$_P$	
	最大方阵开路电压/V	
	最大方阵输入电流/V	
	允许直流电压工作范围/V	
	MPPT 范围/V	
交流并网侧	并网逆变器防护等级/IP	
	并网电压等级/V	
	额定交流输出功率/kW	
	工作电压范围/（V±%）	
	工作频率范围/（Hz±%）	
	最大逆变效率/%	
	功率因数	
	电流总谐波畸变率/%	
	直流分量	
	夜间自耗电/W	
	噪声/dB	
保护功能	过/欠电压保护/（有/无）	
	过/欠频保护/（有/无）	
	防孤岛效应保护（有/无）	
	过电流保护/（有/无）	
	防反放电保护/（有/无）	
	极性反接保护/（有/无）	
	过载保护/（有/无）	
通信	通信接口	

参 考 文 献

［1］张中青．分布式光伏发电并网与运维管理［M］．北京：中国电力出版社，2014．

［2］王立乔．分布式发电系统中的光伏发电技术［M］．北京：机械工业出版社，2014．

［3］方向晖．分布式光伏电源谐波对剩余电流动作保护器的影响［J］．现代建筑电气，2016（2）：41～46．